"十三五"职业教育部委级规划教材

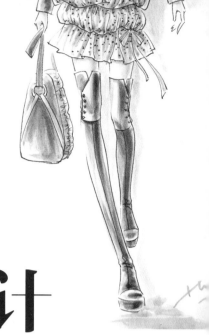

职业装设计

ZHI YE ZHUANG SHE JI

王君丽　陈　珊　周荣梅◎编著

U0265850

国家一级出版社　中国纺织出版社　全国百佳图书出版单位

内 容 提 要

本书为"十三五"职业教育部委级规划教材。内容包括职业装理论知识、计算机辅助职业装设计、职业制服设计、职业工装设计、职业时装设计、知识拓展六部分内容。根据职业装设计的岗位目标确定学习目标，根据职业装设计的岗位需求构建课程内容，根据职业装设计的工作过程设置学习内容。通过布置工作任务、解析工作任务、分析优秀案例、开展设计训练等环节设置，阐述不同类别职业装的设计方法与工作流程。

本书既可作为服装院校师生的专业教材，也可供服装爱好者参考、阅读。

图书在版编目（CIP）数据

职业装设计 / 王君丽，陈珊，周荣梅编著 . -- 北京：中国纺织出版社，2018.12

"十三五"职业教育部委级规划教材

ISBN 978-7-5180-5627-9

Ⅰ . ①职… Ⅱ . ①王… ②陈… ③周… Ⅲ . ①制服—服装设计—高等职业教育—教材 Ⅳ . ①TS941.732

中国版本图书馆 CIP 数据核字（2018）第 261031 号

责任编辑：宗 静 特约编辑：何丹丹 责任校对：武凤余
责任印制：何 建

中国纺织出版社出版发行
地址：北京市朝阳区百子湾东里 A407 号楼 邮政编码：100124
销售电话：010 — 67004422 传真：010 — 87155801
http://www.c-textilep.com
E-mail:faxing@c-textilep.com
中国纺织出版社天猫旗舰店
官方微博 http://weibo.com/2119887771
北京玺诚印务有限公司印刷 各地新华书店经销
2018 年 12 月第 1 版第 1 次印刷
开本：787×1092 1/16 印张：9.5
字数：200 千字 定价：59.80 元

前　言

随着经济的发展，我国职业装的市场需求正在迅速扩大，越来越多的企业开始注重企业形象，职业装已成为企业文化的一部分。职业装设计是服装设计中一个非常重要的分支，很多的服装企业也看到了职业装市场巨大的发展空间，纷纷加入了职业装设计研发的行列。

通过对最近两年毕业生的跟踪调查和企业信息反馈中了解到，应届毕业生实际设计经验缺乏，不能完全满足企业的需求。企业急需有经验、有能力的职业装设计人才。现有教材普遍存在偏重理论教学，涉及的项目案例较少，与企业岗位的对接不紧密的现状。针对这一情况，我们与企业合作编著了这本书。本书以职业装的生产流程为主线，按照基础知识、计算机设计、设计运用、知识拓展的顺序，以学生学以致用来划分教材模块，以企业职业装设计的实际工作过程为导向设计工作任务，根据企业的实际岗位需求设置学习目标。通过工作任务阶段式的练习，结合企业真实案例的分析，使学生充分掌握职业装设计的方法，提升实际操作技能，弥补了毕业生缺乏工作经验的不足，改变课堂所学知识与企业要求不一致的现状。

本教材最大的特点是引用大量真实的设计案例，将教材内容与职业标准对接。列举分析往届学生的设计案例，使学生及时发现设计中容易出现的问题，结合企业真实案例分析做范本，使学生明确学习目标。

本书由无锡商业职业技术学院王君丽、无锡工艺职业技术学院陈珊和盐城工业职业技术学院周荣梅共同撰写，具体编写分工如下：王君丽编写目录、第二章、第三章；陈珊编写第一章、第五章和参考文献；周荣梅编写前言、第四章和第六章，全书由王君丽统稿。

此教材能顺利完成，特别要感谢各位领导和同事们的大力支持，同时感谢学生和企业为本教材提供了有价值的图例。另外，本教材有部分素材来自于互联网，如有不当之处请及时联系作者。

由于时间及水平有限，编写中疏漏及不尽如人意之处，敬请专家、读者赐教指正。

编者

2018年5月

教学内容及课时安排

章/课时	课程性质/ 课时	节	课程内容
第一章 （8课时）	讲授与讨论 （8课时）		职业装设计理论知识
		一	职业装的定义、分类和特点
		二	职业装设计流程与要点分析
第二章 （8课时）	讲练结合 （8课时）		计算机辅助职业装设计
		一	计算机辅助职业装设计概述
		二	Photoshop软件绘制职业装效果图
第三章 （32课时）	讲练结合 （32课时）		职业制服设计
		一	酒店迎宾与门童服装设计
		二	酒店总台服务员服装设计
		三	酒店大堂经理服装设计
		四	餐厅服务员制服设计
		五	酒店客房服务员制服设计
		六	酒店后勤人员服装设计
		七	咖啡馆与茶馆服装设计
		八	连锁餐饮系列职业装设计
		九	航空公司空姐制服设计
第四章 （12课时）	讲练结合 （12课时）		职业工装设计
		一	职业工装细节设计专项练习
		二	制造加工业服装设计
		三	工程服装设计
		四	劳动保护服设计
第五章 （12课时）	讲练结合 （12课时）		职业时装设计
		一	职业时装概述
		二	职业男装设计
		三	职业女装设计
第六章 （6课时）	学生自学 （6课时）		知识拓展
		一	职业装常用面料及其特点
		二	职业装经典案例欣赏

注：各院校可根据自身的教学特点和教学计划对课程时数进行调整。

目　录

第一章 职业装设计理论知识

学习内容

    1. 职业装的定义、分类和特点。

    2. 职业装设计流程与要点分析。

学习目标

    1. 通过职业装设计相关理论的学习，使学生初步理解职业装的定义、分类及其特点，并了解职业装设计的流程。

    2. 通过职业装设计中企业识别系统的学习，使学生理解职业装设计与企业的形象识别系统的关系，为后面的实践任务做准备。

学习重点

    1. 职业装的分类及特点。

    2. 职业装设计流程。

    3. 职业装与企业识别系统。

学习难点

    1. 掌握职业装设计流程的主要内容。

    2. 企业识别系统及其在职业装设计中的运用。

建议课时

    8课时。

第一节　职业装的定义、分类和特点

一、职业装的定义

职业装，即职业服装，是各种职业工作服的总称。职业装是从事某一职业时穿着的一种能标明其职业特征的专用服装，具体来讲是指人们在某一特定场合从事某类工作、某种活动或在某项作业操作过程中，为标识和提升职业形象、提高工作效率或为安全防护为目的而穿着的特定制式服装（图1-1）。

职业装设计，是为工作需要而特制的服装。它是从"现代服装设计"中分离出来的现代服装专有名词，从而成为一个相对独立的Uniform服装分系统。Uni是一致、统一的意思，Form是形式、外形的意思，合起来的意思就是"一致的形"，并演绎为统一的服装或制服。

职业装设计需根据行业的要求，结合职业特征、团队文化、年龄结构、体型特征、穿着习惯等，从服装的色彩、面料、款式、造型、搭配等多方面考虑，提供最佳设计方案，为顾客打造富于内涵及品位的全新职业形象。

图1-1　职业装

二、职业装的分类

生活中的职业装类别比较广泛，许多教材中对职业装的分类会有细小的差别，本教材主要根据服装的服用目的和风格，把职业装分为以下几类。

（一）职业制服

职业制服，是以识别企业形象和标识企业文化为主要特征的服饰，一般应用于海关、酒店、企业、学校（院）、军警司法、邮电、铁路、民航、电力、金融等具有规范、整体、统一形象的行业（图1-2）。

职业制服的主要特征是具有相对固定的服装造型和配饰，在设计上与其他类别的服装相比是最具规范性的一种制服，其造型的款式较为庄重、大方，用色和用料也颇有统一感。制服不仅在外观上给人一种行业群体的象征，同时也为行业人员创造了一个完美的衣着环境，对培养企业集体凝聚力和群体观念起着积极的作用。这种职业装不仅具有识别的象征意义，还规范了人的行为并使之趋于文明化、秩序化。它具有很明显的功能体现与形象体现双重含义。

图1-2　职业制服

（二）职业工装

职业工装是以满足人体工学、护身功能来进行外形与结构的设计，强调保护、安全及卫生作业使命功能的服装。它是工业化生产的必然产物，并随着科学的进步、工业的发展及工作环境的改善而不断改进。

职业工装是以企业性质为主要表现特点，一般用于医学、建筑、电子、邮电施工、机械制造、水下、空间作业等，防止工作过程中环境对人体的伤害，具有防电、防静电、防尘、防水、透气、隔热、防传染等典型特征，是其他服装形式无法代替的。

职业工装，也称为劳动保护服。它是指在工作和生产劳动中穿着的具有防护功能的服装。劳动保护服的款式结构、色彩配置和材料选择都是围绕着这一目的而进行设计的，这也正是劳动保护服区别于其他服装的个性特征所在。在劳动保护服的设计中，其安全和保护功能是首位的，在此基础上再来考虑服装造型的合理性与舒适性，使服装对人体的束缚力减弱到最低的程度，从而提高工作效率。根据有关资料记载，科学的工作服设计会提高工作效率的20％左右。根据各种不同劳动性质的需求，劳动保护服具有一些特殊的防护功能。例如，炼钢工人的黄色石棉服具有吸汗调节体温的功能；化工作业人员的服装具有防酸耐碱的功能；医务人员的服装具有杀毒杀菌的功能；建筑工人黄色的安全帽具有引人注目避免事故的作用等。另外，无论哪种劳动保护服都应避免过多的装饰，以突出其功能性。劳动保护服配备的帽子、手套、鞋等也是为特殊的功能服务的（图1–3）。

图1-3　职业工装

（三）职业时装

职业时装是介于职业制服与时装之间、兼具两者特点的工作服装，尤其以白领服装为主要表现形象。它不像职业制服那样有很明确的穿着规定与要求，但要适应于一定的穿着场合，特别是它有着很明显的流行性。

职业时装一般在服装质地与制作工艺、穿着对象与搭配上有较高要求，表现为造型简约流畅、修身大方，但不强调职业装的特殊功能要求。这类服装十分注重品位与潮流，用料上更加考究，造型上强调简洁与高雅，色彩追求合适的搭配与协调，总体上注重体现穿着者的身份、文化修养及社会地位（图1–4）。

图1-4 职业时装

三、职业装的特点

职业装是从业人员工作时穿着的一种能标明其职业特征的专用服装。其具有统一性、实用性、艺术性、标识性、防护性、科学性、流行性等特点。为了便于初学者更好地了解不同种类职业装的特点，本教材分别阐述了职业制服、职业工装和职业时装的主要特征。

（一）职业制服的特点

1.统一性

职业制服是为了表示机构、学校、公司等团体或身份，将不属于这个团体的人加以区别的、具有特别外观的服装（即具有"标识性"）。它与日常服（自由着装）不同，是根据一定的目的，有特定的形态、着装要求，加上必要装饰、具备功能性特色，又有必要的材质、色彩、附属品等，既有区别又统一的服装。另外，为了职业活动方便，设计师充分研究、考察了从业人员的各种动作，从而制定出能适应职业活动，并且考虑到外观上的美观和仪容性的服装。为了达到集团的目的而制定的各种团体服、学生服、航空制服等，都是把集团的主义（理念）和思想作为统一作业和行动的具有规定性效果的服装。

某些职业装的款式、色彩、材料和标志等在设计时还要考虑国际统一原则，如医护服通常统一采用白色，因白色衣服可以塑造出一种清洁的感觉，一旦脏了可以立刻发现。

2．实用性

服装的基本性质表现在其物质与精神性两个方面。统一的职业制服有利于树立和加强从业人员的职业道德规范，培养爱岗敬业的精神。穿上职业制服，能使员工明了自己的身份，全身心地投入工作，增强工作责任心和集体感。同时职业制服还因其被穿着时间长，在设计上需考虑经济耐用，一衣多穿，减少使用企业与服装企业本身的负担和成本。

3．标识性

职业制服的标识性旨在突出社会角色与特定身份的标志作用与不同行业岗位的区别。职业制服有利于树立行业角色的特定形象，便于体现企业理念和精神，利于公众监督和内部人员管理，并能提高企业的竞争力。职业服装的标识性具有服装精神性方面的重要性质，从中可以区别着装者社会经济地位、工作环境、文化素质和性别等差异。如象征和平的绿色邮递员装、硕士的学位服、商场的楼面经理与导购小姐的服装等都极易让他人明了各自的身份。另外，在繁忙的超市、餐厅，顾客可以根据服务员的特定服装轻易地分辨出其身份并向其寻求帮助。

（二）职业工装的特点

1．防护性

某些行业如石油、化工、地矿、冶金、核工业、医疗、电子、航空航天等行业具有其特殊性，这些行业的工作时间、工作地点、工作环境、工作对象、工作过程有一定的危险性，工作操作中容易受到外界的伤害。针对这一类特殊职业人员的服装，除了要达到一般性的实用、审美标准以外，特别需要注意服装的保护、防护性能。它需要保护作业者的身体不受作业环境中有害因素的侵害，以保证作业者准确、高效地进行工作。因此，这类职业装在防护、保护性能的设计上需要特别注意面、辅料的物质成分，科学合理地使用服装配件、附件，合理利用色彩的功能。在职业工装的结构设计上，"四严一简"是一条通常使用的设计原则，"四严"即领口严、袖口严、下摆严、裤脚口严。这里所提到的"严"就是在服装的这几个"口"上把好防风、防寒、防湿、防尘关；"一简"即口袋简。口袋的造型设计要简练实用，以减少操作中的钩、缠、拉等造成的危险发生。

2.科学性

就运动装举例来说，运动装是一个特殊的职业服装类型。运动职业人员在超速和超常运动项目中潜在的危险性比较大，人体的头、胸、腰、四肢、手、脚等都需要特别的保护。因此，运动职业装在面、辅料、款型、结构设计上要更加注重符合人体运动的科学功能设计，最大限度地减少、防范运动过程中的事故发生，以及隔绝环境对运动员造成的伤害。另外，在保护和防护的同时，运动装在面、辅料、结构、款型设计上还要结合人体工学的原理，便于运动者在运动时肢体活动自如，减少运动中产生的阻力。

（三）职业时装的特点

1.时尚性

职业时装首先要满足的便是工作的需求，即穿着者的舒适性，便于相关工作的开展，同时又可以和社会其他行业工作人员的着装区分开来，职业时装必须打破单一的设计方法，更多地融入时尚元素，体现出入职场商务人士的身份以及对审美的需求。为了更好地体现穿着者的身份，职业时装在服装配搭方面，应寻求上下色彩以及面料的不统一性的搭配方式。

2.个性化

职业时装的群体涉及多个年龄段的商务人士。这就要求职业时装的设计一定要体现出不同年龄层的特性，并且注重个性化的时尚需求，也就是说，只有个性化的设计，才能够满足不同年龄群体的需求，也才能真正体现商务人士对时尚的追求。而要想实现职业时装设计的个性化，就必须将目标群体所关注和接受的时尚元素作为切入点，关注其所处的社会环境以及社会地位，分析其群体的年龄以及体型特征。最终，从个性中寻找到群体共通的时尚需求和文化追求，使他们产生群体和文化的归属感，进而设计出体现职业时装包容性与个性化有机统一的时尚化设计。

3.艺术性

职业时装在满足了实用性、功能性的同时，更需要借助服装的艺术性设计来美化穿着者。一方面尽显其优美的体态特征；另一方面也能弥补、修正人体体态的不足，在增添个人美感的同时，突出行业精神，塑造企业良好的整体形象。从服装的直观感性因素分析，职业时装的艺术特性由服装的造型、色彩、面料、配件、制作工艺与流行元素等因素构成。

第二节　职业装设计流程与要点分析

　　职业装设计是一个系列工作程序，每一环节承上启下相互联系，设计的工作性质、思维方式、分工协作多样，因此，作为系列职业装设计任务的主要责任者设计师，基本上要贯穿设计过程的始终，并由其他设计师和人员辅助完成，设计过程分成几个主要环节：

一、市场调研

（一）实地考察

　　实地考察需要设计人员亲临工作现场，考察工作性质、环境、要求、局限、禁忌（对服装而言）以及工作中可能有的伤害与区别于同类职业服的需要特别防护的部位。

　　除此之外还要考察所定制服装企业的形象识别系统，即CIS（Corporate Identity System），它分为企业的理念识别、行为识别以及视觉识别。需重点考察其中的理念、标志、标准色，为后期设计构思提供设计的依据。

（二）资料搜集

　　这与一般的时装设计市场调研有别，分为宏观与微观两个视角。宏观上是研究同类职业装的国内外现状和特点，微观上是针对某一具体企业的职业装需求进行。调研工作概括为收集资料、听取意见、了解法规、明确标准、研究现状等，以形成较详细的文字资料作为设计的第一依据。信息来源除了从职业装需求处的主管部门获得外，还可从相关的行业、资料库、已有的职业装档案中获取。设计人员必须对资料进行归纳、分析，并根据企业需求做好方案的最后准备。

二、设计构思

设计人员需明确服装的款式风格、色彩搭配、面料选择等，这就需要设计者将所有能够成为设计构思的东西，进一步塑造成服装的造型。一般在设计职业装时，可以从整体设计和局部设计之间的关系去考虑。

（一）从整体设计入手

根据需要设计职业装的整体风格特点，考虑到服装的整体造型特征、色调、面料等定位分析，逐步使职业装的形象具体化、明朗化。在结构特征、线条感觉、面料肌理、装饰手法和服饰搭配等方面通盘设计。同时，用分解重构等手法，结合服装的形式美法则进行职业装形象设计。

（二）从局部设计入手

受某个款式、色彩、面料、装饰等影响，根据设计需要，考虑相关的要素，结合服装的基本原理及整体职业装形象来进行设计。设计者也可以选择一个服装基本形态作为构思的方向，合理地去表现它，最终形成职业装的成衣整体设计。

在设计中，应抓住一两个要素为重点进行设计。例如，可以以色彩、款型、面料等为重点进行设计。这里不提倡设计重点太多，否则设计要素太多、太平均而显得主次不分、过于凌乱。设计者要考虑到职业装整体的平衡，图案、面料、装饰是否合理，色彩运用是否协调等。

三、绘制款式

服装设计师在与企业达成一定的共识之后，就可以把所有得到的信息汇总起来，并将其融入服装效果图中。服装效果图（Fashion Sketch），是指服装设计师通过概略行动、快速的绘画，将服装设计的构思落实到纸上，形成直观的、最初的服装款式平面形象。以展开构思为目的的服装效果图，不仅要从服装的功能、构造、材料、裁制工艺等诸多方面进行考量。而且为了把设计构思交代完整，设计师应当画出服装的前、后、侧视图，有时甚至连一些细部结构也必须在效果图上示意清楚，并且最好在一旁附有面料小样和配有文字说明，因为对于非专业的企业方来说，不通过简明、直白的图解和文字注释，他们往往无法了解和体会设计师的匠心所在。但是在实际工作过程中，有些职业装公司仅仅提供服装彩色设计效果图，有些公司提供效果图和款式图，或者搭配面料小样，公司不同所采取的表达形式也不同，这个要具体根据公司的规模大小、专业程度等来确定。同时，作为专业的设计师，也应当明白：服装效果图也是在服装生产流程中开展下一步工作的重要依据，承担着与他人（设计助理、板师、样衣工、销售人员等）沟通的重要角色，因此，多方位、多视角地分析推敲设计方案，使其趋于完整，是设计师在提交设计效果图前最重要的任务。一般来说，即使是同一款服装的设计，设计师一般也会拿出几个甚至几十个草图来。

在双方的交涉过程中，效果图阶段的准备工作越完善，其意图表达得越充分，企业的疑虑就越少，信任度也会随之增强。

四、材料确定

面、辅料的选择必须与样衣的制作同步进行，设计师在进行款式设计的同时，也要积极的考察面、辅料市场，根据客户的预算和对职业装的要求，筛选出适合的面料小样及辅料样品，并且最好在一旁注明其可靠参数。这些信息应当在制作样衣之前就提供给企业有关人员，以征求对方意见。

在样衣的制作阶段，设计师往往要面临顾客新一轮的质疑，如"觉得面料的颜色不如效果图的鲜亮"等这样的问题，或者企业成员根据自己最直接的感受，对制服的板型、面料、设计细节保留不同的意见，因此产生类似于"希望能够以富有弹性的针织面料取代机织面料"等这样的提议。面对这些质疑，设计师应当理性对待，分析出哪些是由于认识偏差而造成的，哪些是企业成员出于自己职业的敏感度而提出的。对于前者，设计师应当站在专业的角度加以解释和引导，而对于后者，则应当仔细倾听，认真分析，然后对设计做出及时的调整。

五、样衣试制

确定备选的服装款式之后，下一步工作就是通过制作样衣，将平面的创意转化为立体的实物，再决定最终的企业制服。这其中涉及两个方面的重要内容，一是对于服装板型的设计；二是对于服装面、辅料的选择。

作为职业装设计师，需要对服装的板型和制作工艺有所了解，但本课程的侧重点是解决职业装设计的问题，样衣和板型的讨论在职业装制板与制作的课程中会进一步学习（该内容本书省略）。

六、评价修改

职业装成衣经员工试穿之后，往往还会有一些问题产生，因此根据个人的体型给予适当范围的调整和修正是不可避免的，如果偏差实在太大，那么也许还会面临重新制作样衣的可能。在这个阶段，设计师不能做无原则的让步，因为就一般人的心理上说，每位员工都希望得到一套与自己体型极为符合的制服，所以往往会挑剔一些细节上的毛病，此时设计师若要全盘接受这些苛刻的条件，会使自己陷入一个被动的漩涡，因此，最好的办法是，在最初与企业签订合同时，就要根据企业方所提出的质量要求、最终完成日期以及价格标准等因素来指定一个令双方都满意的"最终返修比例"。

七、批量生产

在样衣得到企业认可（也称"封样"）之后，就要组织批量生产，批量生产的第一阶段是要对企业员工进行体型测量，以获得所需的参考数据。对每位员工进行个别量体，并不意味着要给每位员工提供个人定制，而是设计师根据这些基础数据进行归类，从中整理出适合于该企业的3～5个号型，作为日后生产成品制服的号型标准。

八、售后服务

（一）搭配服饰品

在职业装配饰中，最常见的有帽子、领带、领巾、领结、领带夹、围裙、领章、肩章、袖章、手套等，它们都具有美化外表和进一步标识身份的作用。职业装的配饰应当尽可能地开发和运用企业已有的视觉元素来进行创作，应当与整体风格相协调，不能为了求新、求异而任意地增加装饰物，破坏制服内在的标识性和严肃性。

（二）提交职业装穿着搭配规范手册

在完整的服饰系统规范形成之后，设计师应当以图文的形式将其落实到纸面上，从而形成一套职业装穿着搭配规范手册。在"手册"中应尽量准确地反映出人体与服装的比例关系、服装之间的比例关系和色彩关系，以及服饰品的佩戴位置和方法。除此之外，在一些特殊的环节上，应当附以局部细节放大图，清楚地标明服装的结构关系和工艺处理方法，以便指导企业员工进行正确地穿戴、搭配和日常保养。同时，也便于以后指导服装的修补和重新制作工作。

第二章　计算机辅助职业装设计

学习内容

1. 计算机辅助职业装设计概述。
2. Photoshop软件绘制职业装效果图。

学习目标

1. 通过对计算机辅助职业装设计的介绍和常用工具的学习，使学生了解计算机辅助职业装设计在行业中所占的地位，掌握计算机辅助职业装设计常用的Photoshop软件工具。
2. 通过用Photoshop软件绘制职业装的案例分析及实际操作练习，使学生熟练掌握用软件绘制职业装的操作要点，为职业装设计实践打好基础。

学习重点

1. 计算机辅助职业装设计介绍。
2. 计算机辅助职业装设计中常用软件工具。
3. 计算机辅助职业装设计操作。

学习难点

运用计算机熟练绘制职业装。

建议课时

8课时。

第一节 计算机辅助职业装设计概述

一、计算机辅助职业装设计介绍

在企业的实际操作中，通常需要运用Photoshop软件来完成职业装效果图的设计，以给定制服装的客户展示完美的着装效果。比较常用的手法有两种：一种是从人体形象开始用该软件绘制出全部效果；另一种是从原有的职业装效果图开始，用该软件修改为客户实际需要的着装效果图。具体采用哪种手法，应具体根据职业装公司的要求或者客户的实际要求来选择。

计算机辅助职业装设计的主要步骤分为：

（一）设计构思

首先根据客户的要求，结合前面学习的理论知识，设计构思出一款或多款职业装，并绘制出设计草图。

（二）模特确定

可以根据草图绘制出一幅人体动态图，或者通过网络寻找一些需要的人体动态素材。比如，黑白线稿、着装效果图或者真人着装图（图2-1~图2-3）。注意最终确定的模特形象需要满足设计岗位的需求。比如，酒店迎宾的模特形象可以选择端庄、笑脸的形象；酒店经理的动态形象倾向于高雅、大方的形象；服务员的形象整洁、可亲。

图2-1 黑白线稿　　图2-2 着装效果图　　图2-3 着装图

确定的模特形象和模特从事的岗位相吻合是职业装设计中最基本的要求。

（三）运用Photoshop软件绘制出职业装效果图

根据确定的素材，按照设计草图的款式，运用Photoshop软件逐步绘制出所需要的职业装效果图。绘制过程中涉及的面料和辅料素材，可以扫描实际的面、辅料备用，或者网络上寻找适合的素材使用。

二、Photoshop软件绘制职业装效果图技巧

学习本章前，要求学生已经具备初级的运用Photoshop软件绘制服装效果图的能力，为了使学生具备运用该软件熟练绘制职业装设计效果图的能力，现就职业装效果图绘制中的常用绘图技巧做一个简要的说明。

（一）熟练掌握绘图中常用的工具快捷键

（1）新建图形文件【Ctrl】+【N】。

（2）打开已有的图像【Ctrl】+【O】。

（3）钢笔工具：快捷方式【P】，按住【Alt】键点击锚点可以成为直角，可以调整节点方向；按住【Ctrl】键可以移动或者调整节点，钢笔笔尖在节点上可以删除点，在线段上可以添加点；按【Ctrl】+【Enter】路径可以转换为选区。钢笔工具绘制路径使用频率非常高，要熟练掌握。

（4）移动工具【V】。

（5）魔棒工具【W】。

（6）画笔工具、铅笔工具【B】。

（7）抓手工具【H】。

（8）缩放工具【Z】。

（9）反向选择【Ctrl】+【Shift】+【I】。

（10）载入选区【Ctrl】+点按图层、路径。

（11）减淡、加深、海绵工具【O】。

（二）重点练习两个使用频率比较高的绘图步骤

一是练习面料的拼接、面料的添加技巧。职业装效果图绘制中面料的拼接与添加

是使用频率非常高的一个步骤，这个步骤需要重点操练，达到十分熟练的程度，具体步骤操作将在后面的案例中具体说明。二是路径描边的参数设置过程：画笔设置、前景色设置、选中路径点右键路径描边，这也是使用频率比较高的设置，要熟练掌握。

第二节　Photoshop软件绘制职业装效果图

一、任务布置

1.工作任务

由人体素材开始绘制出职业装。

2.工作步骤与要求

（1）确定设计主题。

（2）确定人体模特。

（3）由人体模特绘制出主题款式。

（4）运用Photoshop软件进行绘制，设置尺寸大小为A4纸，分辨率为大于100dpi，进行效果图绘制。

（5）要求模特的选择符合主题要求。

（6）要求运用快捷键方式绘制。

（7）个人独立完成。

3.建议课时

4课时。

二、案例分析

1.案例一　由裸体模特绘制出职业装

（1）按【Ctrl】+【O】键打开选好的模特图片（图2-4）。

（2）选择钢笔工具 沿头发轮廓的最外周取点，绘制出头

图2-4　人体模特图

发外轮廓的路径（图2-5）。

（3）新建图层2，选择工具箱中的画笔工具 ，在属性栏左侧选择画笔的形状和大小，选硬边圆并设置为2个像素大小，然后设置前景色为黑色，打开工作路径，选择路径属性中的描边选项为头发轮廓描边（图2-6、图2-7）。

图2-5 绘制头发轮廓路径

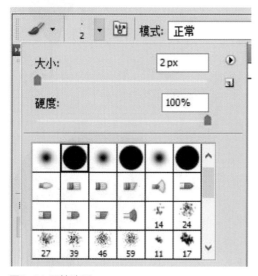

图2-6 画笔选项

图2-7 路径描边

（4）新建图层3，打开工作路径，选择头发轮廓路径并转为选区，设置前景色为深咖色，点按【Alt+Backspace】为头发填充颜色，或者选魔术棒 选出头发轮廓的选区并填充颜色，按【Ctrl】+【D】取消选择（图2-8）。

（5）新建图层4，选择工具箱中的画笔工具 ，在属性栏左侧选择画笔的形状和大小，选择为柔边画笔

图2-8 头发填色

并设置为4个像素大小，然后设置前景色为白色，选择钢笔工具 ✐ 绘制出头发的丝缕路径，按Shift键同时配合路径选择工具 ▸ 群选路径，点鼠标右键选择路径描边勾选模拟压力，点鼠标右键路径描边，为头发丝缕描边（图2-9、图2-10）。

图2-9　路径描边

图2-10　头发丝缕

（6）选择加深减淡 🔍 工具，参数设置中间调（图2-11），绘制头发明暗（图2-12）。

（7）把人体用钢笔工具绘制路径转为选区或

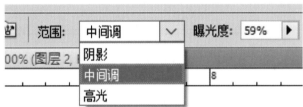

图2-11　加深减淡参数

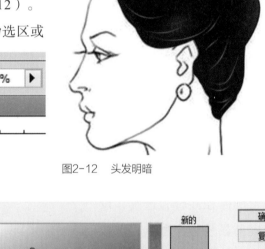

图2-12　头发明暗

者使用魔术棒工具用鼠标选点图层1，把人体选出（图2-13），前景色选肉色填充（图2-14），点右键取消反选。

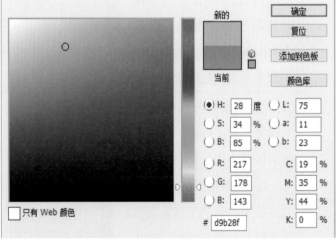

图2-13　模特选择　　图2-14　前景色设置

（8）用钢笔工具 ✐ 画出鞋子的轮廓并填充黑色，绘制鞋子上的高光描边线条（方法同头发）（图2-15、图2-16）。

（9）用钢笔工具 ✐ 绘制出西装的路径（图2-17）。设置硬边圆画笔2个像素（图2-18），设置黑色为前景色，西装轮廓路径描边（图2-19）。

（10）新建图层5，打开面料素材并复制到图层5上（图2-20），把小块面料通过移动工具 ▶✛，移动拼接为一整块大的面

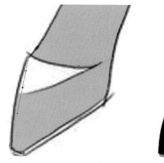

图2-15　绘制鞋子轮廓　　　　图2-16　鞋子填色

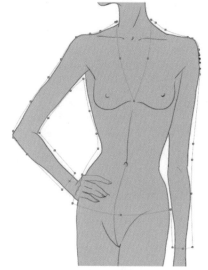

图2-17　西装路径

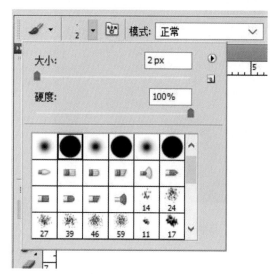

图2-18　画笔设置

图2-19　路径描边

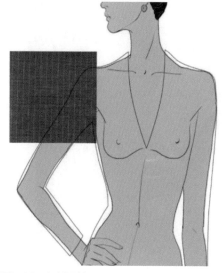

图2-20　复制面料

料（图2-21）。

（11）打开西装路径转为选区，回到面料的图层（图2-22），反选【Shift】+【Ctrl】+【I】删除多余的面料（图2-23）。

（12）按【P】键选择钢笔工具 🖊 画出西装的结构，有领子、门襟、口袋、衣纹等（图2-24），并设置画笔为硬边圆2个像素，设置前景色为黑色，进行路径描边（图2-25）。

图2-21 拼接面料

图2-22 建立选区

图2-23 反选删除

图2-24 结构路径

图2-25 结构路径描边

（13）选择钢笔工具 绘制出腋下多余部分的路径（图2-26），选择路径窗口参数转为选区删除多余部分（图2-27）。

（14）纽扣的设计。按【Ctrl】+【O】键打开纽扣图形素材，按【W】键选择魔术棒 选出白色区域，然后按【Shift】+【Ctrl】+【I】组合键反选扣出纽扣（图2-28），按【Ctrl】+【T】缩小到适合大小，放置于西装门襟合适的位置（图2-29）。

图2-26 绘制路径

图2-27 删除多余部分

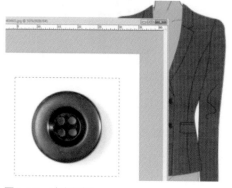

图2-28 选出纽扣

图2-29 纽扣位置设计

021

（15）新建图层6，选择钢笔工具 ✐ 绘制出裙子的路径（图2-30），然后路径描边（图2-31），按照西装的面料填充方法，填充裙子面料（图2-32、图2-33）。

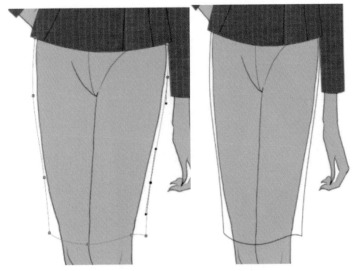

图2-30　绘制裙子路径　　　　图2-31　路径描边

图2-32　裙子选区

图2-33　反选删除

（16）用钢笔工具 ✐ 画出裙子的衣纹和模特的胫骨，并路径描边（图2-34）。

（17）按【O】键选择加深减淡工具对上衣西装和裙子进行明暗处理（图2-35、图2-36）。

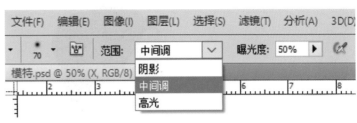

图2-35　加深、减淡工具参数

图2-34　裙子衣纹绘制

（18）画出背心的路径，并进行路径描边，设置前景色为白色，填充背心的颜色，用钢笔工具画出背心的结构和衣纹并描边（图2-37）。

图2-36　服装明暗处理

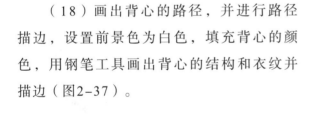

图2-37　背心的绘制

（19）画出配饰耳环，最后对露出的皮肤进行整体加深、减淡（图2-38）。

（20）最终效果如图2-39所示。

图2-38　耳饰及皮肤处理

2.案例二　由着装模特修改为另一款职业装

在第一个案例中对许多方法已经做了介绍，比如钢笔工具绘制路径、路径描边、服装面料拼接、服装及皮肤的明暗处理，所以此案例重点说明操作步骤。

（1）打开选好的图片素材，选择钢笔工具画出旗袍的轮廓路径，新建图层2并进行路径描边（图2-40、图2-41）。

图2-39　效果图

图2-40　旗袍路径绘制

图2-41　旗袍路径描边

（2）选择合适的面料打开，新建图层3，复制面料（图2-42）。

（3）按【V】键选择移动工具，移动、复制、拼接面料为一个大块，使其适合旗袍的轮廓（图2-43）。

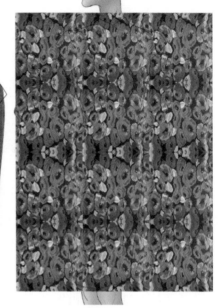

图2-42　复制面料

图2-43　拼接面料

（4）选择旗袍路径建立选区，并回到面料图层，反选后按【Delet】删除多余的面料（图2-44）。

（5）新建图层4，选择钢笔工具 画出裙子细节；袖窿、领子和门襟的轮廓并路径描边（图2-45）。

（6）新建图层5，打开盘扣素材，运用魔

图2-44　反选删除

图2-45　细节绘制

术棒工具同时按【Shift】键或【Alt】键，选中盘扣外区域，并删除（图2-46）。移动并缩小盘扣，放置于门襟适当的位置（图2-47）。

图2-46　盘扣的处理

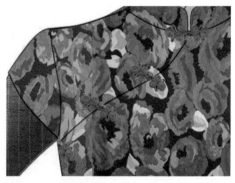

图2-47　盘扣的位置设计

（7）运用钢笔工具画出旗袍后面多余西装的路径，转为选区，并删除（图2-48）。

（8）新建图层6，打开一个合适的模特，用钢笔工具绘制路径，转为选区（图2-49），选择胳膊截取并移动（图2-50）。

图2-48　旗袍多余部分处理

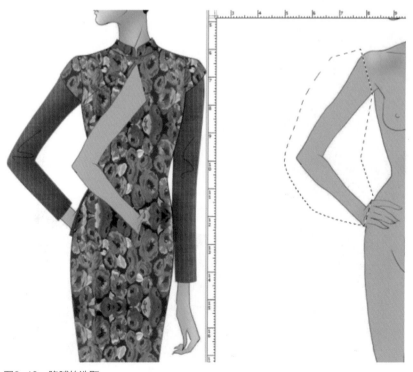

图2-49　胳膊的选取

（9）对胳膊和服装的整体进行加深减淡，注意女性胸部的塑造（图2-51）。

（10）合并图层，服装最终的效果，如图2-52所示。

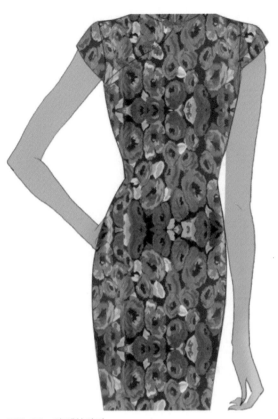

图2-50　胳膊的移动

图2-51　整体明暗处理

图 2-52　服装效果

（11）打开选好的酒店背景，把整体人物效果图移动复制到适合的位置（图2-53）。

图2-53　最终效果

三、练习

根据本章节所学知识，自行准备模特素材，运用Photoshop软件进行修改款式与填充面料练习。

第三章 职业制服设计

学习内容

1. 酒店迎宾与门童服装设计。

2. 酒店总台服务员服装设计。

3. 酒店大堂经理服装设计。

4. 餐厅服务员制服设计。

5. 酒店客房服务员制服设计。

6. 酒店后勤人员服装设计。

7. 咖啡馆与茶馆服装设计。

8. 连锁餐饮系列职业装设计。

9. 航空公司空姐制服设计。

学习目标

1. 通过该章节的练习，进一步巩固前期所学的职业装设计理论，掌握职业装设计的流程并熟练掌握流程中每个具体步骤的操作细节和设计要点。

2. 通过实践操作，使学生熟悉并掌握职业制服中餐饮业、KTV娱乐行业、物流行业不同岗位职业装设计的要点和方法，使其能在今后的职业装设计中做到举一反三。

3. 设计中针对不同岗位职业装的面、辅料进行选择与搭配，通过企业实际项目的实践训练以及拓展练习，使学生进一步巩固职业装设计流程及设计要点。

学习重点

1. 掌握职业制服设计中，不同岗位的职业装特色及面、辅料特点。

2. 通过实践训练，掌握职业制服设计的流程与方法。

学习难点

1. 职业制服的设计要素符合职业的岗位特点。

2. 熟练绘制职业制服的效果图，并使其效果与岗位特征吻合。

建议课时

32课时。

本章选取餐饮业和物流行业职业装为主要案例进行分析。

餐饮业（Catering），主要分为各种级别的大酒店、连锁小型餐饮店、咖啡馆、自助餐厅等，在形式上主要分中式和西式。

餐饮业职业装中包括职业装设计的许多种形式，比如工程人员穿着的服装（如水电工服装）、办公室人员穿着的服装（如经理、主管、文员）、服务员服装（如客餐厅服务员、打扫人员）、迎宾服（如中西式服装），诸多形式的服装统一在一个大环境中，又有各自工作的小环境和对服装要求的不同的特征。另外，餐饮业作为服务行业，在职业装方面要求具有设计性，即对服装的面料、色彩、款式造型方面要求有所创新，所以选择该项目比较具有代表性、参考性。此外选择物流行业作为对比，通过对企业的案例分析和以往学生在设计中所容易出现问题的分析，启发学生对职业装设计的"职业"一词的深层次思考。

本章由于涉及的岗位较多，通过工作任务的分解让学生有一个循序渐进的学习过程，每个任务都以工作过程为导向来设计更具体的工作内容。各案例都以布置任务—任务解析—案例讲解—拓展思路来进行。

本教材所有的案例分析纯属个人观点，因设计的诸多灵感、设计元素的选择与创意都是千变万化的，相信学习者在设计中会有其他更多的设计创意。

第一节　酒店迎宾与门童服装设计

为了进一步巩固职业装的设计流程，在任务（一）的布置中，根据职业装设计流程，布置了两项任务，后面其他任务省略了设计企划部分。本单元所有的任务都是围绕一个酒店背景来设计，最终成一系列。

一、任务（一）布置

1.工作任务

酒店职业装设计方案的制作。

2.工作步骤与要求

（1）选定一家四星级或五星级商务酒店。

（2）调研酒店的相关背景。首先与酒店企业沟通，记录企业对设计服装的具体要求，并对企业的CIS综合进行观察，必要时征得企业同意后可拍照留存。这个方面如果有难度，可以通过角色扮演来实现，学生通过沟通记录企业对设计的要求，比如设计的风格、设计的主要色调、设计的价格定位以及设计的其他特殊要求等。

（3）搜索关于目标酒店的素材，写出酒店的定位和客户群分析，以及搜寻企业的CIS相关的图片。

（4）搜集国内外市场同类酒店或者非同类酒店的迎宾与门童的服装图片，要求每组提交10个酒店迎宾与门童的服装图片，并备注酒店名称和服装风格（如中式、西式等）。

（5）搜集其他给予你灵感来源的与时尚相关的资料，并提交灵感来源图片，具体数量不做要求。

（6）课堂讨论。分组讨论后每组选一个代表总结各个环节的要点。

（7）最后根据调研和讨论的结果写出设计方案，制作成PPT的形式。

3.工作分组

每5个人一组，每组设一名组长。

4.建议课时

3课时。

二、任务（一）解析

由于职业装设计与职业岗位的特点和装修风格都有关系，在对酒店职业装进行设计的时候，一定要对酒店有一个准确的设计定位，了解酒店处于的级别是三星级还是四星级，在这个前提下，还要了解酒店的类型是属于商务型、旅游型还是度假型。当然，还有涉外与不涉外之分，也有一部分酒店因其所处地域、环境等因素，虽没有清楚的定位，但服务对象通常有一部分是稳定的类型。不同类型的酒店，接待和服务的客户各有特点，所以在进行酒店制服的设计前，必须了解酒店的服务类型和定位，借助服装形象树立鲜明的酒店形象。下面分别谈一下商务型、度假型酒店、旅游型制服设计特点。

1. 商务型酒店

顾名思义，商务型酒店接待和服务的对象多是从事商业活动的客户。这类酒店通常位于交通便利的地区，酒店设施简洁而富有现代感，强调人与环境的高度统一，以快捷、方便实用、品位高雅、严谨、现代为特色。酒店制服的设计风格也以现代、简约为主。因为酒店员工活动范围多在室内，室内一年四季都是恒温，使得设计制服不必过于注重季节的因素。但是各个不同岗位的制服，其身份的标识性设计要明确、要有系列感。酒店的员工一般分为"前方"与"后方"。前方主要指与客人直接接触的部门，如门童、行李员、保安、总台服务员、大堂经理、餐厅服务员、娱乐中心服务员、商务中心服务员以及各个部门经理、行政管理人员等。后方指的是不直接面对客人的岗位，如水电、机械维修工、厨师、机房工作人员、后勤人员等。

2. 度假型酒店

这类酒店所处地域环境以及建筑形式上都不同于商务酒店、旅游型酒店，这类酒店环境相对来说有些复杂，有室内的也有室外的，建筑也因地理环境的起势而定，造型别致、风格多样。有江南水乡精致风格的酒店，也有海滨沙滩浪漫型酒店，还有北方草原粗犷型酒店，现在许多地区还兴建起农家田园风格的酒店。不同风格的酒店，都有自己与众不同的特点，有一些特色服务。如果说商务型酒店制服设计注重现代感和时尚感，旅游型酒店注重地方特色，那么度假型酒店的员工制服设计则需要与酒店所处的环境，尤其是建筑风格相协调。对于这类酒店的制服设计，要在明确岗位形象的基础上把握酒店风格，不必过于张扬，不能有喧宾夺主之感。

3. 旅游型酒店

旅游型酒店的产生是个性消费心理需求的折射。这类酒店在有特色旅游景点的地区占多数，这类酒店所在地区不一定是经济发达或者交通便利的城市。"休憩的心态"是其经营特色，所以酒店装潢应具有地方特色、特点或民族风格，酒店设施不一定豪华，因为光临的客人流动性比较大，要求酒店方便、有特色、能给人以深刻的印象，甚至酒店有时可以是趣味性的乡土气。因此，作为酒店文化的一部分，制服设计的好坏也影响着人们对酒店的认识和印象。设计酒店制服时，首先要与酒店的建筑风格以及周围的环境相协调。可将一些有地方特色的鲜明标志或装饰点缀在服装中，可通过对图案、色彩的巧妙运用，营造出鲜明的地方特色（图3-1）。

图3-1 有地方特色的职业装设计

三、案例分析

企划案的设计

以上海外滩某酒店职业装为例，设计企划案主要从以下几个方面进行。

1.调研该酒店背景

酒店成立于2010年，地址在上海外滩，该酒店强调随和亲切的服务，反映当地人文的个性化设计，以及为顾客提供今时上海新旧融合的真实体验。结合中国传统与现代的设计元素，创造出家一般的温馨。

2.分析该酒店定位

住酒店客户群：国内外高端商务人士、高级白领。

该酒店特点：地段繁华、交通便利、气派装修、周到服务、商务功能偏重。

上海外滩某酒店属于世界酒店集团管理性质，拥有自己独特的酒店企业文化和经营理念，具有现代、舒适的特点，配套设施齐全。独特的酒店氛围，气派而别具一格的装修，舒适的睡眠环境，豪华的卫浴设施和方便的商务会所，满足了高端品位的商务人士的不同需求，让他们快节奏的行程更加轻松便捷。

3.分析现有制服

2010年至今酒店制服的特点是以充满中式风情的系带、盘扣为元素的设计，或拥有几何设计感的弧度曲线设计；或具有现代时装感的简约干练设计，都完美演绎了国际化个性酒店所特有的服务氛围和人性关怀（图3-2）。

4. 分析酒店装修细节

酒店装修主要了解大堂、休息区、房间装饰、泳池、健身房、酒吧、餐厅等酒店各场所的装修环境（图3-3），此处省略各场所图片素材部分，学生在练习的时候需要提供设计背景的全部图片素材，以备设计参考。

5. 综合分析确定服装色调与整体款式特点

酒店服装潮流色彩红色依旧饶有气势，新色彩元素即粉彩色，如浅蓝色、玫瑰色、方解石色及淡紫色。黑色和白色平分秋色，中度灰色和鸽子灰也在伦敦时装周上占据一席之地。所以综合分析将该酒店的制服色彩选用年轻的粉色，高贵色调的鸽子灰。

通过以上分析，英迪格酒店的制服设计可以考虑以它的高端消费群体为主要着装设计目标，参考酒店清新、自然又符合地方人文特点的装修设计理念，或者参考现有制服的风格特点，结合服装流行

图3-2 从2010年至今的酒店制服

图3-3 酒店装修

职业装设计

元素进行创新设计。

6.英迪格酒店制服最终设计效果图

此系列的英迪格酒店制服设计，作者灵感来自于酒店装修中的床头灯，多功能的床头灯可以变换多种颜色，给房间不同的气氛。制服在颜色的选择上结合现有制服的灰色和粉色以及床头灯所发出的彩色，考虑了蓝色、粉色为主打色，清新、自然的色彩让客人心中的那份温暖油然而生。制服中较为弧形的线条灵感来自于床周的薄纱由高向下垂落形成的一种柔美的感觉。高档挺括的面料与定位的高端消费人群相对应（图3-4）。

图3-4　英迪格酒店制服（女）

四、任务（二）布置

1.工作任务

酒店迎宾服与门童服的款式图与效果绘制。

2.工作步骤与要求

（1）根据市场调研资料的分析，按自己的思路绘制出酒店迎宾服和门童服款式设计草图。

（2）画出酒店迎宾服（女款）和门童服（男款）各一款春秋装设计效果图，写出简要的设计说明并画出款式图。

（3）要求运用Photoshop软件进行效果图绘制，设置尺寸大小为A4纸，分辨率为

150dpi。

（4）效果图要求添加合理背景，衬托主题效果；整体构图要合理，不做横向和竖向构图的要求；模特选择要合理，能体现职业的特点。

（5）设计的服装款式具有时尚性、创意性和实用性，最好能考虑到酒店的CIS设计，最终的服装款式效果图要符合酒店的特色和酒店主管的要求。

（6）设计稿完成后与酒店进行沟通、反复整改，直到酒店满意为止。

3. 工作分组

每三个人一组。

4. 建议课时

3课时。

五、任务（二）解析

经过前一阶段设计方案的制作与学习，在做了充分的市场调研基础上，学生应该对酒店的要求、酒店的整体环境风格、酒店的人群定位、酒店的装修装潢以及酒店标准色有了精准的了解。

酒店服装虽然分类繁多，但必须建立在一个统一的风格上，使人一看就知道是出于同一个团队的不同岗位，也就是说，要保持一种完整的系列感。为此，可以从以下两方面整体入手。

1. 酒店制服设计要配合酒店整体环境风格

酒店服装基于它的特殊环境和行业特征，对于装饰性要求比其他职业装更高、更明显。装饰性可以理解为：单独看，是赋予装饰美的独立个体；整体看，是在整体环境中起到烘托环境的一部分，即服装与环境和谐与呼应的高度统一。所以在酒店制服设计中，首先要确定酒店整体环境的风格和色彩，服装的设计要服从于这两大元素。

（1）风格。是指服装的设计要呼应和配合酒店的整体装修风格。服装设计的元素通常考虑前厅的装修、装潢中涉及的元素，这里讲的呼应关系是指服装设计整体与环境的呼应，或协调，或对比。举例来说，在一个欧式洛可可装修风格的豪华酒店中，服务人员的服装应采用相应风格，在服装中大量运用细节和装饰手法，烘托出酒店奢华精致的复古氛围（图3-5）；而在一个简约主义装修风格的商务酒店中，服务人员的服装同样应表现出简洁、利落的极简风格，以配合酒店明朗简练的现代气质。

（2）色彩。服装色彩要与酒店主体色彩和风格协调。首先，要服从于酒店装修的

图3-5 洛可可装修风格的职业装设计

主色调或酒店VI（视觉识别）的专用色系，整体或局部运用在服装设计中。

　　酒店服装的色彩要与酒店的整体环境协调融洽，可以从以下几方面考虑：可以采用宾馆酒店的标准色作主色，以邻近色作辅色、点缀色；也可以采用宾馆酒店的标准色的邻近色作主色，用标准色作辅色和点缀色。这样可以通过整体色调的运用来统辖全局，将所有工种的服装色彩归纳在一定色调的几种颜色之中，使得每一工种的服装色彩既有不同的色彩配置，又统一于整体色调之中。其次，与标准色协调或相同的服装配色还有利于取得与环境和谐统一，增加视觉识别的统一性。比如在装修格调优雅含蓄的酒店中，服装配色可以使用明度和纯度对比不大的近似色或协调色系；而在一个富有民族特色的用色浓重的酒店中，服装可以用高明度、高纯度或对比强烈的色系来强调民族装饰风格。但这些都是一般性的规则，在实际运用中，也不乏打破规律的独特手法。但是，始终要牢记服装在环境中的从属地位，协调呼应也好，对比突破也好，都要配合整体风格。

　　2.酒店制服设计要了解其相应岗位中不同类型酒店制服的设计要点

　　大部分星级酒店都分迎宾员、门童、行李员、总台接待员、保安以及商务中心的服务员等，他们的工作多集中在前厅大堂，是与客人接触最早的、最多的人员，他们是酒店形象的窗口。所以这些岗位的制服仪容性要求很高，他们的服饰要有酒店的标志性特点一般常将一些鲜明的标志装饰在门襟、头部、肩部、胸部、袖口部等部位（图3-6）。但很多酒店多照搬欧美的服饰形制，以致失去了酒店自己的特色。这类服装容易形成一定的模式化，但在服装设计中依旧可以在色彩上突出自己酒店的特色，在服装款式的设计上考虑着装者的体型特点和酒店风格。比如南方的酒店在色彩上会选用蓝印花与白色相配，显出江南水乡的清爽，再配以马甲、盘扣等细节，透着江南人特有的儒雅，使来到这里的客人不仅从酒店环境上，还能从酒店制服上体会到江南的韵味；北方的酒店则需要表现出北方地域文化的大气和深厚感（图3-7）；至于一些农家田园风格的酒店，服装服饰则不妨采用一些自织土布材料进行制作。这种"原汁原味"的材质传递着一种地道、朴实的亲和力，由此可让客人们记得这难忘的度假生活。

图3-6　门童

图3-7　北方酒店的厚重感

旅游酒店的客人大部分都是以旅游观光为主，渴望休闲、轻松、注重猎奇、新鲜的视觉效果，所以作为酒店"形象代言人"的这些工作岗位上人员的制服设计可以花哨一些，面料可选用单色或者与花色相拼，多运用具有中国特色的面料，如蓝色印花布、手织土布等。另外，中国传统款式要素也可大量运用，比如旗袍的线形、立领、交领以及传统的工艺手段，如镶边、绲、绣等，以营造一种鲜亮的服饰形象。在追求形象美感的同时，也要注意着装人员岗位特殊的表现，利用胸牌、帽饰、领结等区别身份。

酒店迎宾服装的特征是要具有明显的礼仪标志，能体现庄重、热情、大方的风范。款式、颜色参考企业整体环境，例如中式风格酒店的迎宾服以旗袍或者改良旗袍为主，而西式风格酒店的迎宾服通常为长裙或者短裙，细节变化多样，但是以不失端庄优雅为准则，再加上必要的服饰相配，既要能展现出迎宾员的着装美感，又要能表现出酒店档次的级别。

3.酒店制服设计要了解其相应岗位的主要职责

迎宾员与门童在客人来访时负责迎接、引路，保持与内勤人员的沟通，及时传递客人的信息、送客等。有些酒店只有女迎宾员，有些酒店还有门童配合一起为客人服务。

一般来说酒店门童主要负责为进出酒店的客人开门、叫车、开车门、扶助客人上下车以及装卸客人行李等，对于很多正规的五星级酒店来说，门童并不负责为客人提取行李等，而是由行李员负责。除此之外，还要熟记每个重要客人的名字、称谓、房间号、车牌号码等，以便在第一时间通知酒店内部，并在第一时间代表酒店向客人表示问候和欢迎。留心每一位进出酒店的客人，以便在需要时回忆当时情景，帮助酒店解决一些问题等。因为工作辛苦的原因，国内80%的酒店都会选择男性作为酒店的门童。

六、案例分析

（一）学生设计的女迎宾服装

1.学生作业容易出现的问题

学生初次设计时容易出现下列问题：模特选择不适合于服装的表达，比如：选择西式的模特穿中式服装；迎宾的模特动态过于夸张不符合迎宾的身份；服装的细节设计过于随意，甚至有的缺少细节设计，或者细节设计过于繁杂累赘；服装的整体风格不符合环境或者酒店的要求；设计缺少创意性、时尚感，服装款式是很多年前的款式，毫无新意；服装设计的过于暴露，或者设计的整体风格和职业的身份不符合等。

以上这些问题在其他职位的服装设计中也较容易出现，后面的案例中不再重复说明，但是这些是学生在设计中比较容易出现的问题，应该引起重视。

2. 学生设计的女迎宾服分析

下面举一个案例如图3-8所示，具体说明为某中式酒店中式迎宾服的设计中避免出现的问题。

（1）模特选择。迎宾模特选择不能过于妖艳否则不够端庄，化妆发型的设计要和服装吻合，才能体现迎宾员大方、端庄的特点。服装整体设计也要把握好度，大多有档次的大酒店，都要求迎宾服大方、端庄，细节设计和整体设计要文雅有内涵，和酒店风格吻合，避免过于妖娆、暴露或者烦琐。

（2）款式设计要求。图3-8所示的迎宾服缺少细节设计，如分割线、图案、装饰等，所以该款迎宾服设计没有特色。通常在整体的款式设计基础上，都会加入一些细节设计，比如门襟、领口、下摆或者衣身的分割线处，可以镶、绲或者嵌，也可以在适当的位置加入图案或者其他有特色的装饰，来体现设计的特点，烘托整体人物的内涵。

图3-8 中式迎宾服效果图

（3）色彩确定。黑色上装外套的领子设计中，其色彩过于突兀，与服装整体色彩或者环境没有呼应关系，需要注意的是大多细节设计的选择都是有理由的，不是随心所欲的设计，设计中通常需要拼色的部位可以选择整体服装中已经有的颜色或者环境中突出的颜色。这一点在职业装设计中也是十分重要的。

（二）企业设计师设计的女迎宾服

根据市场调研的结果，该酒店整体装修雅致、古朴，处处透露出中式古典文化底蕴，环境颜色以黄色和红色为主，参考酒店人员的建议和酒店的装饰装潢，所以迎宾员服装效果图（图3-9）设计主要从以下几方面考虑。

面料：根据餐厅包厢装修效果风格定做中国红定位花面料，此面料时尚、独具一格。

图3-9　女迎宾服案例

（1）色彩确定。选用红色特殊定制的面料和大堂以及饭店内部的装修相吻合，并且红色具有喜庆的意味，能为大部分人所接受。

（2）款式设计要求。在细节方面，旗袍下摆的花纹图案使旗袍看起来更加时尚，古典中透出活泼，旗袍斜门襟和袖口的碎花设计以及镶色的运用和下摆呼应，设计细致精细而不俗。小外套的袖口、领口设计和旗袍的色彩图案相呼应，细节设计处处考虑了整体的效果，雅致而精细，服装整体大方，细致中显示出中国文化的韵味，搭配服装模特婀娜的身材以及古典的装束，独具一格，深受酒店好评。旗袍为酒店迎宾服常用的款式，通常采用在细节上注重呼应，比如，上与下、左与右、门襟与下摆、袖口等在色彩、装饰、图案等方面的呼应关系。

（3）面料确定。此款服装选择丝绸面料，亮丽的缎面非常高贵，手感滑爽，织物组织密实。该面料的缩水率相对较大，下水后光泽有所下降，这种面料容易起皱，所以熨平才能完美的表现它的光泽。

（4）工艺。旗袍的设计通常要求合体，开衩的高度不可以过高，工艺制作要精良。

总之，由以上案例分析可以看出，在职业装的设计中，酒店的装饰、装潢在职业装的设计中具有十分重要的参考作用，而职业装的细节设计正是职业装的内涵的表达。当然最终的设计效果还是要取决于酒店的意见，因为职业装是为酒店而设计的，符合酒店要求的设计才是好的设计。

（三）学生设计的男门童装

在课堂教学中学生初次接触门童装的设计，由于对门童这个职位的理解以及设计思路的把握还是存在偏颇的现象，会出现模特选择、设计细节以及创意性不够的问题，这些问题在初次接触职业装设计的学生都较容易反复出现，经过一段时间的练习就可以避免。下面以一个学生设计的门童装为例进行简要讲解说明，由图3-10可以看出，此设计虽然选择了中式的领型，但是在服装的衣身上还是缺少一些细节设计，比如分割线、服装的廓型，一些配饰的搭配等都应是设计中考虑的方面。在面料的选择上如果选择了此花纹图案的面料，那么在迎宾服以及大堂经理的服装等都要体现一定的呼应关系，这样整体才较容易和谐。该设计在创意性方面还有发挥的空间，比如门襟、纽扣、袖口等处可以做得更细致而具有创意感。另外，门童装通常搭配帽子，这点在设计中应该注意。

图3-10　学生设计的男门童装

（四）企业设计师设计的男门童装

（1）款式设计。门童服装大都偏向于礼仪性的服装，必须佩戴相关帽子，门襟一般都是左片压右片，整体设计不可以太花哨，以大方、庄重为主，款式设计要求适体。门童服装通常以西式服装为主，仪式感较强。如较高的立领、双排扣、修身收腰造型。根据形式美的法则，在领口、袖口、门襟、裤缝、帽子等施以各种镶边、缎带，在肩部配以缨穗、绶带、肩章等，通过增加各种材质的饰物突出酒店的风度、气派、正统等（图3-11）。

牡丹花提花料

外套后背效果图
起到透气，方便
活动的作用

门童 夏　　　门童 春秋　　　门童 冬大衣

图3-11 设计师设计的男门童装

（2）色彩确定。门童装的颜色偏向于沉静的灰色或庄重的蓝色，设计细节中可以呼应迎宾服装的设计元素，或者整体系列设计中的设计元素。

（3）面料选择。门童夏装上衣选用了灰色时装料，该面料质感细腻、时尚、光泽度好，适合门童的形象气质；门童夏装裤子选用了黑色薄哔叽；门童春秋装上衣采用仿毛精品哔叽呢，也可以选用复合黑色新丰呢；春秋装裤子选用仿毛精品哔叽呢或复合黑色新丰呢。

哔叽呢面料是用精梳毛纱织制的一种素色斜纹毛织物，呢面光洁平整，纹路清晰，质地较厚而软、紧密适中、悬垂性好，以藏青色和黑色为多，适用作学生服、军服和男女套装服用料。门童大衣使用了黑色麦尔登呢，麦尔登呢是一种品质较高的粗纺毛织物，因首先在英国麦尔登（Melton Mowbray）地方生产而得名。麦尔登呢表面细洁平整，身骨挺实，富有弹性，有细密的绒毛覆盖织物底纹，耐磨性好，不起球，保暖性好，并有抗水防风的特点。

（4）细节设计。细节设计方面，色彩采用灰色和黑色，使门童看起来大气而稳重，领型选用中山装中式领型，并且领角镶嵌牡丹提花面料，与迎宾服的古典旗袍相呼应，体现了中式风格的特点。领子的装饰或者袖口等的装饰也可以采用迎宾旗袍定制的黑红色提花面料，在款式方面还可以进行分割设计变化。

整体来说该案例的设计体现了细节设计、中式风格以及门童稳重大方的特点。

七、练习

　　根据所提供的欧式风格酒店的装修效果图（图3-12），参考中式酒店职业装的设计过程，根据职业装设计流程，绘制出符合该酒店风格的女迎宾装和男门童装的服装设计效果图，并附上设计说明。通过练习，对比并且思考中式酒店和西式酒店在服装设计中的不同。

图3-12　欧式酒店装修效果图

第二节　酒店总台服务员服装设计

一、任务布置

1. 工作任务

大堂总台接待员男、女服装效果图与款式图绘制。

2. 工作步骤与要求

（1）市场调研、绘制草图、绘制效果图、绘制款式图、添加背景，最后与酒店沟通调整。

（2）运用Photoshop软件进行效果图绘制，设置尺寸大小为A4纸，分辨率为150dpi，进行效果图绘制。

（3）效果图要求添加合理背景，以衬托主题效果，整体构图要合理，不做横向和竖向构图的要求，模特选择要合理，能体现职业的特点。

（4）设计的总台服务员服装要具有时尚性、创意性和实用性，最终效果图符合酒店的特色和酒店主管的要求。

（5）设计的总台服务员服装要和迎宾装、门童装的效果图成系列。在色彩或者款式方面等有呼应的地方，整体系列感要强。

（6）设计稿完成后与酒店进行沟通、反复修改，直到酒店满意为止（课堂学生可做角色扮演）。

3. 建议分组

每两个人一组。

4. 建议课时

3课时。

二、任务解析

大堂总台接待员所在的岗位在酒店大堂，其服装设计要配合整体环境风格，这一点在前面一节已经详细说明了，这里不再赘述。

1.大堂总台接待员的主要职责

前台接待员、收银员的工作是酒店的重要工作之一，属于酒店经营服务的中心环节。主要负责为客人提供登记、咨询等服务，要求形象端庄大方，服装一般相对较正规，类似于行政风格。

2.大堂总台接待服装设计的要点与分析

大堂总台接待员作为酒店接待客人的重要人员，其服装设计被酒店所重视。大堂总台接待员的制服要求服装款式设计以大方、时尚、简约为前提，但又要不失庄重、沉稳与严谨，细节变化和配色相对稳重。

除了款式、颜色外，还要注重服装材料的质地，因此大多以西服或变款西服为基础款式，配饰整齐、不花哨，颜色素雅而明快，多取深色调为主，配合大堂装修风格，使得服务员通过着装能够融入大堂的环境成为其中的一分子，时尚、优雅给人亲切端庄的感觉。服务员与客人多是语言的交流，所以更多地考虑静态美，装饰也多集中在领部，并且在款式设计或者色彩搭配要和前面的门童装或者迎宾装的设计有呼应的地方，使之成为一个系列。

三、案例分析

（一）学生设计的前台接待员服装

1.学生作业案例

用两个学生作业案例，对学生设计的前台接待员服装进行分析，使学习者了解前台接待服装设计中容易出现的问题。

2.前台接待员男、女服装案例（一）分析

图3-13所示的男、女接待员服装设计中存在的问题。

（1）整体色彩选择合理，但款式细节欠推敲，比如纽扣过大，门襟斜度不合理。

（2）人体模特必须是以全身站姿出现的，鞋子和头饰的设计也是很有必要的，女装设计中缺失。

（3）男模特与女模特之间的位置比例不好，需要调整。

（4）女接待员的服装造型和色彩搭配很好。

（5）男接待员的服装领子形状设计不好，看着不舒服，要进行调整。

（6）男、女接待员的服装可以添加一些色彩上面的联系。

3. 前台接待员男、女服装案例（二）分析

图3-14所示的男、女前台接待员服装设计存在的问题。

（1）男、女接待员服装的款式设计、模特选择较好。

（2）整体服装的面料选择不好，黄色衬衫和裙子的花色都太烦琐，太跳跃，不够大方，一般接待员制服设计多为纯色套装设计，如果选择花色满铺的面料要注意服装面料色彩的纯度和明度要含蓄，如果服装局部选择设计图案，比如胸针，服装某处独立设计单个的图案，也要斟酌图案的颜色和质感

图3-13　前台接待员男、女服装【案例（一）】

图3-14　前台接待员男、女服装【案例（二）】

要与整体服装的关系或协调或对比。但是都要以简洁、大方，不破坏整体效果为原则。

（3）接待员女式的领巾设计和黄颜色的衬衫不搭，两者色彩视觉上是冲突的，如果服装为黑、白色、灰无彩色设计，则可以考虑花领巾设计。

（4）细节的处理不到位，比如男、女接待员服装的门襟贴边、盘扣的设计不太适合前台接待员的身份，并且与酒店装修风格也不符合。男、女款分割线还有袖窿都只是简单的一条线，完全没有明暗关系的表达。男款下装裆部没有细节处理，上装没有加腰省。

以上这些问题是在课堂练习中学生比较容易出现的问题，我们应该了解并且在设计中避免出现这一类的问题。

（二）企业设计师设计的前台男、女接待员服装

图3-15所示为某酒店大堂总台男、女接待员服装的设计效果图，该酒店大堂为中

图3-15　前台男、女接待员服装

式装修风格，色彩以红色、黄色为主。下面从服装的三要素分析该设计的思路。

（1）面料选择。前台接待系列服装设计中前台男接待员上装和女接待员上装都采用了咖色多色提花面料。

提花面料分为单色提花和多色提花，单色提花为提花染色面料——先经提花织机

织好提花坯布后再进行染色整理，面料成品为纯色；多色提花为色织提花面料——先纱染好色后，再经提花织机织制而成，最后进行整理。色织提花面料有两种以上的颜色，织物色彩丰富，不显单调，花型立体感较强，档次显高。面料幅宽不限，纯棉面料有小浮度缩水，不起球，不掉色。提花面料一般可用于高、中档服装制作或装饰用料（如窗帘、沙发布用料）。提花面料的制造工艺复杂，经纱和纬纱相互交织形成不同的图案，凹凸有致，多织出花、鸟、鱼、虫、飞禽走兽等美丽图案。提花面料质地柔软、细腻、爽滑，光泽度好，悬垂性及透气性好，色牢度高（纱线染色）。

前台接待男士衬衫和女士衬衫采用了含60%棉的面料，面料具有吸湿、透气好、柔软舒适的特点；前台接待男士裤子和女士A款的裙子使用仿毛精品哔叽呢，而女士B款的连衣裙使用黑提花金色面料和100D黑麻纱，麻纱为布面纵向有细条织纹的轻薄棉织物，麻纱大多用纯棉纱织制，也有用棉麻混纺纱织制的，20世纪60年代以来由于化学纤维的发展，出现了涤/棉、涤/麻、维/棉等混纺麻纱。麻纱因挺爽如麻而得名，是夏令衣着的面料品种之一，有风凉透气的特点。麻纱有漂白、染色、印花、提花、色织等多种，适宜做男、女衬衫、儿童衣裤、裙料以及手帕和装饰用布。

（2）款式设计要求。前台男、女接待服装采用套装的形式，使穿着对象看起来稳重、大方，男上装采取立领、V型领口加上两粒扣的套装结构设计，细节上比较有特色，突出了中式的特点，女上装A款衬衫衣领设计选用中式立领，外套为青果领的小西装，整体看上去中式风格突出，但是又不缺乏时尚感，领口运用企业的标识作为领结，突出了职业装设计的标识性，B款女装黑麻纱的运用使服装产生了优美的动感，三款服装在整体上还和迎宾装、门童装的风格吻合。

（3）色彩。色彩上前台男、女接待服装设计采用了稳重的深色调，但是面料本身黄色的纹理、印花和酒店大堂的颜色呼应，并且使沉闷的深色显得亮丽了很多。可见，除了服装的面料色彩，花纹图案的颜色也是设计考虑的重要因素。

总之，前台男、女接待服装设计在面料、色彩和款式设计方面都考虑了酒店的环境色、酒店的装修风格，以及酒店的定位，在细节设计方面具有明显的特点，设计简洁而有内容，模特选择也符合职业的身份，整体效果良好。学生作业和企业设计案例相比，差距是：学生对面料的了解较少，对细节的刻画不到位等。

四、练习

选择与已设计酒店风格相反的装修风格，设计前台男、女接待员的服装。通过练习训练对比两组设计的不同之处，仔细体会书中所讲的知识点。

练习要求，首先调研酒店的背景资料，提供酒店的装修风格、客户群分析、酒店定位和目前所采用的服装风格。

画出设计效果图和款式图，从设计思路、服装设计的三要素等方面分析自己的设计（讲给同学听）。

第三节　酒店大堂经理服装设计

一、任务布置

1. 工作任务

大堂经理男、女服装设计效果图与款式图绘制。

2. 工作步骤与要求

（1）课堂讨论。学生首先讨论大堂经理男、女服装与前台服务员服装的不同点，总结由于岗位的不同在职业装设计方面应该体现哪些不同点。

（2）绘制草图。以企业的CIS为主要参考内容，在前一阶段的基础上，根据自己的思路绘制出设计草图。

（3）根据设计草图，运用Photoshop软件进行服装效果图绘制，设置尺寸大小为A4纸，分辨率为150dpi。

（4）效果图要求添加合理背景，来衬托主题效果，整体构图要合理，不做横向和竖向构图的要求，模特选择要合理，能体现职业的特点。

（5）设计具有时尚性、创意性和实用性，最终效果图要符合酒店的特色和大堂经理身份的要求。

（6）设计稿完成后与酒店进行沟通、反复修改，直到酒店满意为止（课堂学生可做角色扮演）。

3. 设计分组

单独绘制。

4. 建议课时

3课时。

二、任务解析

大堂经理活动区域最多的是在酒店大堂，其服装设计也要配合整体大堂的环境风格，这一点在前面一节已经详细说明了，这里不再赘述。

1. 经理的主要职责

酒店经理主要分为总经理、大堂部经理、餐厅部经理、客房部经理、娱乐部经理、后勤部经理或者主管等。各经理统管自己管辖范围的内部事务，主要负责人员管理，给客人提供咨询、投诉等服务。经理的服装要求形象识别度高、庄重、职业化、精干利落、气派和可信任。服装为行政风格，多为正式套装。

2. 经理服装设计的要点与分析

一般来说这个级别的服装在款式上区别都不会太大，主要都是管理型服装，强调级别感和身份感。款式上多为较正规的西服或礼服，如传统的一粒扣、两粒扣、三粒扣、双排扣西服，青果领和枪驳领礼服等，色彩多为较沉着的黑色、灰色系，面料多采用高级的纯毛或毛涤等。男、女西服上装的胸前均可以用刺绣作装饰，西服领用异色异质面料相拼。这些都可借鉴礼服设计手法，以达到庄重典雅的视觉效果，要求突出其职业特点。配饰应简单精致，如镀金纽扣、领带夹、丝质领带和领结等。经理之间的级别高低与岗位区分在服装款式、面料、色彩和配饰变化中体现，但总体要求经典沉稳，可信度和识别度要高。比如总经理主要以西服套装为主，大堂经理服装一般以正规西服或礼服为主，其他经理服装多为较正统的套装形式。在板型上通常级别越高的经理板型越合体，因为越合体的服装会促使人保持大方或者严肃的言行，使其职业形象更突出。

对于经理服装，中式风格的酒店和西式风格的酒店在领型和细节设计上有许多不同，而商务酒店和旅游度假酒店在设计上也有区别。商务酒店的经理服装通常严肃一些，更合体一些，而旅游度假酒店的经理服装设计元素多和景区或者休闲的程度相关。经理服装在色彩方面多以深色调为主，以表达其稳重、大方的特点。

三、案例分析

（一）学生设计的酒店大堂经理服装

1. 酒店大堂经理服装案例（一）分析

学生设计的酒店大堂经理男、女服装出现的问题，如图3-16所示。

（1）整体构图不好，两个模特之间没有联系，间隔太远。

（2）男、女大堂经理的服装廓型设计的不太好；女装肩、腰、裙下摆设计、绘制不到位，没有表达出女性经理的气质；男装肩膀下斜体现不了男性经理的阳刚之气。

（3）款式细节上，女装衬衫领与西装领搭配不恰当，视觉上太过于烦琐；服装前胸部位搭配的内衬面料花色过于夸张，整个胸部装饰感觉太乱；男装应该着套装效果更好；领带的花纹视觉感觉胸部乱。

（4）图片的背景太过明亮，和模特之间达不到相互映衬的效果。

2. 酒店大堂经理服装案例（二）分析

学生设计的大堂经理男、女服装案例（二）存在的问题，如图3-17所示。

（1）整体感觉模特选择、服装设计基本与环境相融合。

（2）服装面料质感没有表达清楚。

图3-16 酒店大堂经理服装【案例（一）】

图3-17 酒店大堂经理服装【案例（二）】

（3）服装细节设计花哨而且有点幼稚，门襟的颜色过亮、纯度太高，门襟的花色不适合经理身份。男性经理服装的门襟可以简单一点，纽扣的颜色要注意统一。

（4）模特腿部刻画不好，没有明暗关系，与上身不协调。

（5）男、女服装都缺少分割线的设计。

3. 酒店大堂经理服装案例（三）分析

学生设计的大堂经理男、女服装案例（三）出现的问题，如图3-18所示。

（1）模特造型尚可，服装款式设计一般，缺少创意感，不够简洁。

（2）服装面料质感的处理不好，给人一种皮革质感的感受。

（3）细节处理不到位，男、女模特面部不清晰，背景没有处理干净，女装廓型设计的不够干练。

图3-18　酒店大堂经理服装【案例（三）】

（4）男、女模特之间的距离太近，胳膊处理模糊。整体构图上，人物左偏。

（二）企业设计师设计的酒店大堂经理男、女服装

如图3-19所示，为某酒店大堂经理的服装设计效果图，图3-20所示为A、B级经理

左胸肩部处绣牡丹LOGO

注：A、B级经理、大堂女经理服装也可以采用同款

图3-19　酒店大堂女经理服装设计

男、女服装的设计效果图（A级是正经理，B级是副经理）。大堂为中式装修风格，色彩以红色、黄色为主。下面从服装的三要素对比分析该设计的思路。

1.大堂女经理服装的设计分析

（1）面料。大堂经理的外套和裤子采用了含毛70%、化纤25%、导电丝5%的面料。毛料的优点是手感柔软富有弹性，光泽柔和自然，穿着舒适美观，感觉档次较高，吸湿性好，不易导热，保暖性好；缺点是不耐碱、缩水、易皱。此种面料混纺了化纤和导电丝，使面料的缺点减弱，也不易起静电。特别是在服装加工熨烫后有较好的裥褶成型和服装保型性，较适合制作高档套装。女经理服的连衣裙使用了灰色时装料，而衬衫使用了含棉80%的面料。

（2）款式。款式设计整体上，女经理采用了套装的形式，使服装看起来稳重大方，很符合职业经理的气质与职业要求。款式细节上体现了简洁的风格，没有过多的累赘装饰，小西服外套的公主线和收腰省道的设计，使小外套的廓型非常优美，下摆圆角、一粒扣以及袋盖的设计无不透露出精致与大方的感觉；内裙（连衣裙）的设计

看似普通，但是领口的设计与西服呼应，牡丹花的运用体现了雅致的中式特色，与整体大堂风格和其他职位服装的设计有呼应关系，体现了该款职业装的文化内涵，简单而不俗。

（3）色彩。该款大堂女经理套装设计在色彩上以灰色调为主，西装领的灰色与内裙呼应，整体上色彩搭配和款式设计的简洁吻合，都体现了服装简洁大方的特点，使酒店女性经理显得干练、稳重。

总之，该组设计在面料、色彩和款式设计方面以体现面料的质感和色彩的含蓄对比为主，考虑了酒店经理人的职位特点，在细节设计方面简洁而有内容，模特选择也符合职业的身份，整体效果良好。

2.AB级经理的服装分析

（1）面料。面料可以与大堂女经理的服装面料相同。

（2）款式。A、B级经理在服装款式上直接选用了西服套装的形式，男、女西服都同时采用两粒扣，圆角下摆的设计，这些相同的设计体现了相同级别的男、女大堂经理职业装设计上的共同点，这些共同点可以成为与其他岗位的区别。在款式搭配上，男式西装搭配常规的衬衫、领带，女式西装也为常规搭配。通常在西服套装的设计中，搭配何种颜色的衬衫、领带，以及女装中衬衫的领型设计是设计的重点。

后双开衩　　　　　　　　　　　　　　后双开衩

A、B级经理灰条纹服装系列　　　　　A、B级经理黑青纹服装系列

图3-20　A、B级经理的服装设计

（3）色彩。经理级的服装通常为深色，这组不同色彩搭配的练习，在设计中也经常用到。设计师可以通过不同色彩的设计、调整，选择最好效果的一组提供给酒店，也可以为酒店提供不同的配色方案，给酒店多一个选择，这样也就多给了自己一个设计机会。不同色彩的变化，也能成为职位区别的一个因素，其他还有以配饰的不同，面料的不同等来区分不同的职位。这点在相似级别的设计中是需要重点考虑的。

这里学生可以讨论酒店总台服务员服装的设计与经理的服装设计在服装设计三要素方面的不同点，以更好地体会"职业"一词在职业装设计中的含义。

四、练习

对职业经理男、女套装进行细节设计。

搜集职业经理的设计资料图片，根据搜集的资料，体会职业经理服装的细节设计要点，用CorelDRAW画出搭配好衬衫的套装设计款式图，并完善颜色和图案。设计要求服装要符合职业经理的身份，色彩搭配时尚、大方。

第四节　餐厅服务员制服设计

一、任务布置

1. 工作任务

西餐厅服务员男、女服装设计效果图与款式图绘制。

2. 工作步骤与要求

（1）课堂讨论。学生预习并讨论酒店不同岗位服务员服装的设计要点，通过对比，总结由于岗位不同在职业装设计方面应该体现哪些不同点。

（2）绘制设计草图。根据调研资料，理清思路绘制餐厅服务员服装设计草图。

（3）运用Photoshop软件进行效果图绘制，设置尺寸大小为A4纸，分辨率为150dpi。

（4）效果图要求添加合理背景，来衬托主题效果，整体构图要合理，不做横向和竖向构图的要求，模特选择要合理，能体现职业的特点。

（5）设计具有时尚性、创意性和实用性，最终效果图符合酒店的特色和餐厅服务员的身份要求。

（6）设计要和前面任务中的效果图成系列。

（7）与企业沟通（学生可扮演角色，相互提意见）。

3.设计分组

单独绘制。

4.建议课时

3课时。

二、任务解析

餐厅部是酒店重要的一个部分，是提供用餐、喝茶、喝咖啡的服务部门。餐厅有中餐厅、西餐厅和咖啡吧等不同设置。餐厅职位主要分为餐饮部经理、迎宾员、服务员、传菜员和厨师等。

1.酒店餐厅服务员的主要职责

酒店餐厅服务员负责点菜、上菜等服务，要求服务员形象亲切宜人、悦目大方。餐厅服务员的服装设计空间大，最能体现特色，风格各异。服务员的服装主要根据餐厅的装修风格，比如，中餐厅、西餐厅、日式餐厅等，不同风格餐厅服务员的服装要选择不同的设计款式和细节。

2.酒店餐厅服务员制服设计要点分析

酒店餐厅服务员的服装在款式、面料、色彩上相对变化较大，是酒店服装设计中的精华和主体部分。在考虑服装整体风格和功能性的前提下可以大胆使用各种设计和装饰手法，充分体现酒店的特色。面料选用范围最广，毛涤混纺面料、织锦缎、进口化纤和丝麻混纺面料等各类有特色和肌理效果的面料都可搭配使用。色彩在配合整体环境的基础上可以自由组合，一般为了装饰美的需要，在服装局部搭配一些高明度、高纯度的色彩，醒目而美观。配饰种类繁多，如各种襻纽、绲边、刺绣和领饰等。

餐饮部服务员服装要求特色丰富，款式新颖别致，细节变化较多。中餐厅服务员的服装可突出浓郁的民族特色，装饰上可运用刺绣、绲边、异色镶料、盘花等手法，画龙点睛，使服装增色。如图3-21所示，该款中餐厅服务员服装门襟除了一字襟外，还可使用斜襟、曲襟、大襟、搭襟、对襟、翻门襟、叠门襟、琵琶襟等。若是西餐厅

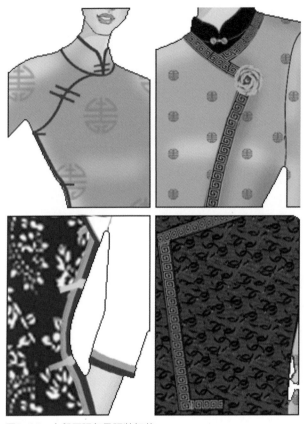

图3-21 中餐厅服务员服装细节

可选用白色礼服、衬衣配以无扣敞襟青果领收腰短上衣（或马甲）以及开衩直筒长裙，营造优雅、轻松的氛围。

三、案例分析

下面对酒店西式餐厅、中式餐厅服务员服装进行对比分析，选择不同风格的案例，使学生从中领会每个案例的设计要点，思考其中的不同，从而能够举一反三。

（一）学生设计的餐厅服务员服装

1. 西餐厅服务员服装案例（一）分析

学生设计的西餐厅服务员服装出现的问题（图3-22）。

（1）整体感觉服装过于花哨，比如裙子下面的曲线设计，扣子的盘扣样式，裙子的黑白对比和上衣胸口的细节设计，视觉感多而凌乱，可以适当简化。

（2）女服务员模特选择不太合适，女模特发型不太适合服务员，面部不完整，整体感觉不够大方。

（3）男服务员的肩膀看起来左右不对称，在作图的时候要注意人体的比例结构，裤子画的太过于随意，轮廓结构没表达出来，裤子门襟细节没有刻画。

（4）男、女模特不一致，一边是真人模特，另一边是卡通模特。

2.西餐厅服务员服装案例（二）分析

学生设计的西餐厅服务员服装案例（二）出现的问题（图3-23）。

（1）整体色彩选择较好，但模特选择不合适。

（2）款式细节没有刻画，比如门襟、袖口、围裙。

（3）裙子色彩的选择不够好，颜色

图3-22　西餐厅服务员服装【案例（一）】

图3-23　西餐厅服务员服装【案例（二）】

有点脏，面料纹理没有体现。

（4）上衣拼接设计是此款设计亮点，值得学习。

（二）企业设计师设计的西餐厅、中餐厅服务员男、女装

1.西餐厅服务员服装案例分析

图3-24所示为某酒店西餐厅男、女服务员服装设计效果图和款式图，该酒店餐厅为西式装修风格，色彩以黄色为主。

（1）面料。西餐厅服务员的马甲、裤子和围裙使用了黑色复合新丰呢，新丰呢就是我们通常所说的涤粘混纺织物，简称T/R面料，此织物整体上平整光洁、色彩鲜艳、毛型感强，手感弹性好、吸湿性好。它与毛料外观相似，但比毛料易洗涤、好存放、色牢度好，价格便宜。

色丁是一种面料，也叫沙丁，通常有一面是很光滑的，亮度很好，其原料可以是棉、涤纶混纺，也可以是纯化纤。色丁面料具有轻薄、柔顺、弹性、舒适、光泽等优势，在服装中可以制作各类衬衫、裙子、女装睡衣或内衣面料，还可作为休闲裤装、运动装、套装等的配料，面料制成成衣穿着舒适颇受欢迎。

西餐服务员　冬装　　　　　　　　西餐服务员　夏装

图3-24　西餐厅服务员服装

（2）款式。该组西餐厅服务员装款式设计整体上根据餐厅的风格，服装均采用了衬衫、西裤的形式，模特的整体气质形象也和服装的风格吻合。

服装细节上，冬装男女均搭配了四粒扣、双嵌袋马甲，尤其是门襟铆钉的装饰提亮了服装的设计，使服装简洁中透露出奢华、品位。夏装服务员的服装款式上变化不大，但是搭配了黑色绣花的围裙，绣花含蓄而不俗，与经理的服装呼应，体现了设计中追求系列感的要求，中西设计的结合提升了服装的文化内涵，同时也满足了西餐厅装修环境对服装的要求。

（3）色彩。服装的色彩设计黄配黑，黄颜色色彩灰度高，重点体现面料的质感，也与大堂整体装修风格相吻合，色调与大堂装修风格呼应（图3-25），在纯度上使服

图3-25　西餐厅服务员服装与环境的关系

装对人产生对比，提高了服务员服装的识别性。

总之，该组设计在面料、色彩和款式设计方面以体现面料的质感和色彩的含蓄、对比为主，既考虑了服务员职位特点，也考虑了和环境的吻合，既体现服务员的服装个性特征，也体现了与其他职位服装的呼应关系。

下面通过中餐厅服务员服装设计的分析对比，来让学生进一步理解不同风格餐厅服务员服装在设计上的不同，以使其能进一步的举一反三，理解餐厅服务员服装设计

的要点。

2. 中餐厅服务员服装案例分析

如图3-26所示，为中式餐厅服务员的服装设计，从服装的要素进行对比分析。

（1）面料。中餐厅服务员的外套使用了红色定位花图案面料（定做）。常说面料是定位花图案，指的是面料的图案在一匹布上不是平均分布，而是按一定的规则定位分布，分布的规则通常有两种：横向定位、纵向定位。裤子采用了黑色复合新丰呢，其垂感较好。

（2）款式。中餐厅服务员服装在整体款式上简洁大方，以简单款式的上衣搭配筒裤。在细节设计上，衣服下摆由于面料上醒目的图案，细节设计重点集中在了领部，男装采用了精致的一粒扣立领，女装采用了三粒扣改良小立领，均和前台迎宾员的服装呼应，也和中餐厅的装饰风格呼应（图3-27），男、女服装门襟采用了暗门襟设计，使服装虽然有对比强烈的图案，但是整体又不失简约感，袖口镶嵌了红色图案面料和衣身呼应，丰富了设计，又使服务员的身份标识感更强。

（3）色彩。中式餐厅服务员服装设计在色彩上采用了中式红和黑的经典搭配色，

中式的餐厅装修风格

图3-26　中式餐厅服务员服装

图3-27　中式餐厅

通过图案对比色的搭配，使服务员服装更醒目。其中色彩设计考虑了中餐厅装修环境的红色特征，此外由于中餐厅通常会举办满月酒或中式婚礼、祝寿等，所以设计中也考虑了中国文化中人们对红色代表喜庆的认识。整体上来说该组服装的色彩选择考虑了环境、文化和酒店客户群的感受。

四、练习

娱乐中心服务员服装设计。

（1）搜集星级酒店娱乐中心服务员的设计资料图片。

（2）根据搜集的资料，整理思路，主要分析娱乐中心与餐厅服务员的区别。

（3）用Photoshop软件绘制出彩色效果图。

第五节 酒店客房服务员制服设计

一、任务布置

1.工作任务

客房服务员男、女服装设计效果图与款式图绘制。

2.工作步骤与要求

（1）课堂讨论。学生首先讨论酒店客房服务员服装的设计要点。

（2）市场调研。学生根据本章第一节任务布置一选定酒店，调研相同级别酒店客房服务员服装的设计案例，以及了解该酒店曾经使用过的服装形式。调研其他时尚元素资料，比如职业装大赛图、礼服设计图等，以获得更多的灵感。

（3）效果图绘制。

（4）款式图绘制。

（5）设计稿完成后与酒店进行沟通（角色扮演）。

（6）绘制效果图，具体要求同第四节。

（7）制服设计要具时尚性、创意性和实用性，符合客房服务员身份要求。

3.设计分组

单独绘制。

4.建议课时

3课时。

二、任务解析

1.客房服务员的主要职责

客房部是提供住宿、清洁客房的管理部门。主要包括客房部经理与服务员。客房服务员主要负责客房的清洁、打扫工作。衣着形象要求朴素、大方、干净，服装相对要求简单、方便和端庄，便于活动。

2.客房服务员制服设计要点分析

客房部服务员服装较为朴素，尤其要考虑功能性，如为了方便弯腰打扫，一般不设计裙装而由长裤、七分裤等代之。在面料的使用上也相对实用经济，其他部门的制服整体以织锦缎为主要面料，为了呼应，客房部服务员的服装可以在服装的门襟、领口等部位局部使用织锦缎。色彩尽量选用明度高、纯度低的灰色系列，以达到耐脏的目的。

三、案例分析

（一）学生设计的客房服务员服装

1.客房服务员服装案例（一）分析

图3-28所示，是学生以酒店为背景设计的客房服务员服装的效果图，对该效果图

图3-28　客房服务员服装【案例（一）】

的分析如下：

（1）服装风格和客房服务员身份不符合，设计的款式有点像经理级别的服装。

（2）服装色彩搭配有些暗淡，没有特色。

（3）服装款式细节，纽扣过多，廓型过于紧身，客房部服装整体要求朴素、大方、干净，服装相对简单、方便和端庄，便于活动。

（4）面料选择不适合客房部服务员，通常客房服务员服装以棉麻或者仿麻为主的面料。

2. 客房服务员服装案例（二）分析

图3-29所示，为男、女客房服务员服装设计中的问题。

（1）服装整体风格没有把握好，没有体现客房服务员职业特点，有点像文员的服装，尤其客房女服务员的下装设计选择裙子欠考虑，通常设计为裤装较合适，以方便活动。但色彩搭配非常好，给人一种舒适、轻松的感觉，与周围环境也较为融合。

（2）服装面料处理上还存在一些问题，裙子感觉像是皮质的，明暗的关系没有处

图3-29 客房服务员服装【案例（二）】

理好。

（3）女服务员上衣的颜色处理不是太好，看上去像是反光了墙壁的颜色，应该与男服务员上衣的颜色相互呼应。

（4）服装没有细节处理，女服务员腿上没有阴影部位，衣服的分割线、明暗、边缘线的处理都需要修改。

（二）企业设计师设计的客房服务员服装

1. 客房服务员服装案例（一）分析

（1）服装整体廓型宽松、舒适，符合客房服务员的职业要求。

（2）服装款式设计简洁、大方，款式细节精致、到位、整体呼应。

（3）服装色彩淡雅，蓝色与亚麻灰色的搭配干净、自然，有休闲的感觉，如图3-30。

图3-30　客房服务员服装效果图【案例（一）】

2. 客房服务员服装案例（二）分析

如图3-31所示，为某酒店客房男、女服务员服装设计效果图，该酒店客房偏中式风格装饰，色彩以暗红为主。下面从服装的三要素分析客房服务员服装设计的思路。

（1）面料。客房服务员和PA服务员（保洁）服装均采用米色仿亚麻面料。亚麻面料因为吸湿性好、导湿快，是夏季衣衫的重要面料之一，仿亚麻面料主要是纹理为亚麻的质感，而面料成分通常为棉和化纤混纺。裤子采用了复合新丰呢，垂感好，不褪色。

（2）款式。服装款式设计整体上与前面项目设计的服装保持了一致的简洁风格，上装采用了改良小立领的设计形式，暗门襟的设计使客房服务员看起来干净、大方，单嵌袋的设计与门襟呼应，单省的收腰设计既保持了服装一定的收腰效果，又满足了客房服务员服装要略微宽松方便铺床、打扫等活动的要求。这款服装门襟采用了和餐厅服务员服装一致的形式，但是并没有使用图案来装饰下摆，主要是与其不同的职位有关系，餐厅服务员服装需要一定的对比来体现其醒目、易识别的特点，而客房打扫

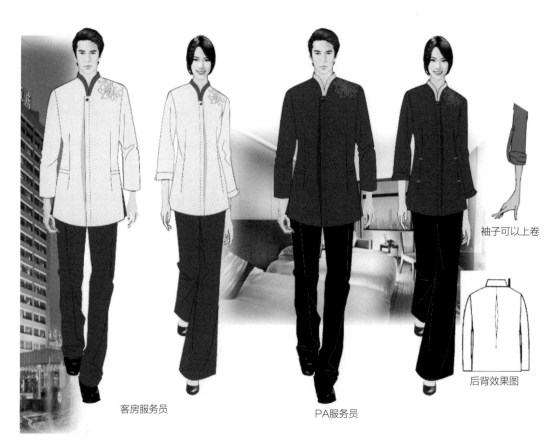

客房服务员　　　　　　　　　　PA服务员

袖子可以上卷

后背效果图

图3-31　客房服务员服装效果图【案例（二）】

职业装设计

服务员的服装主要要求干净、整洁、大方、方便活动，所以其设计形式不同。男裤采用了筒裤，而女裤采用了微喇的设计，简约中又显现出时尚感。

（3）色彩。该款服装的设计色彩以米咖色调为主，色彩干净、沉稳，并且整体展现了天然麻质面料的自然舒适特点。服装肩部的牡丹绣花与整体大堂风格及其他职位服装的设计有呼应关系，体现了该款职业装的文化内涵，同时也能显出酒店的档次，各个职位的服装风格统一、简约、雅致。

总之，该组服装设计在面料、色彩和款式方面重点考虑了客房服务员的职业特征，通过面料的质感和色彩的含蓄对比表达了客房服务员的岗位特色。

四、练习

日式餐厅服务员服装设计。自行搜集一些日式餐饮文化的资料和服装设计的资料图片以及不同风格餐厅服务员的服装图片。根据搜集的资料自行设计2～3款日式餐厅服务员服装。

第六节　酒店后勤人员服装设计

一、任务布置

1. 工作任务

酒店保安外保服装设计效果图与款式图绘制。

2. 工作步骤与要求

（1）教师讲述主要的设计要点。

（2）课堂讨论。学生根据教师讲解内容，讨论酒店保安服装设计要点。

（3）市场调研。

（4）效果图绘制。

（5）款式图绘制。

（6）与企业沟通。

（7）用Photoshop软件进行效果图绘制，设置同前。

（8）效果图要求添加合理背景，整体构图要合理，不做横向和竖向构图的要求，模特选择要妥当，能体现职业的特点。

（9）设计的服装要具有时尚性、创意性和实用性，最终效果图符合酒店的特色和酒店保安的身份要求。

3.设计分组

单独绘制。

4.建议课时

3课时。

二、任务解析

后勤保安部是为酒店提供安全保障、维修等后勤工作的部门。主要包括保安、维修人员等。这里选取保安的服装进行设计训练，而维修人员的服装属于职业工装的范畴，在职业工装中会进一步练习，这里不作为一个类别进行单独训练。

1.酒店保安的主要职责

酒店保安负责酒店的安全保障工作。保安的服装有两种较大区别的样式，一种称为"硬保安"，形象要求英武干练、识别度强。"硬保安"服装比一般的保安服装更注重装饰性，服饰配件较多，在职业化的感觉中增添了一些豪华感，有点类似警察的制服。另一种称为"软保安"，也可以称之为内保。其服装风格随和、亲近，以套装类为主，似普通的白领服，仅在某些局部缀有酒店标志以示区别。

2.酒店保安制服设计要点分析

（1）标识性。保安部制服设计的标识要求如肩章、臂章及帽徽都是不可缺少的配饰，并且按具体要求另有精神带、哨带、腰带等装备。

（2）结构设计。保安制服在结构设计上要求舒适、活动方便，细节的工艺要符合作业的特点，如在结构设计中背部要有比一般服装更大的放松量，以适应从业人员的动作需求，裤襻宽长，可以满足佩戴宽保安皮带的要求等。

（3）面料。在服装面料的选择上，要求面料密度高、牢度好、结实耐磨，具有"三防"特性的特种面料也是制作保安制服很好的材质。

三、案例分析

图3-32所示，为传统保安的制服设计效果图，图3-33所示，为有现代感的酒店保安制服设计效果图，两组设计的分析如下：

（1）面料。保安服上装和裤子通常使用仿毛精品哗叽呢，呢面光洁平整，质地适中，悬垂性好。衬衫常采用含棉60%的涤棉布，不仅吸湿透气好，牢度也好。

（2）款式。从以上两组保安服装的图片我们可以看出，外保常用的服装设计形式为警服类，或小立领中山装类的设计，内保服装通常为西装类型或者中式设计的中山装形式。目前警服类的保安制服设计使用较少，因为其过于严肃，容易让客人有不安或者紧张的情绪，所以许多酒店通常喜欢接受的形式为西装或者中山装，而纽扣、口袋、分割线和肩章等为其设计的重点。

保安制服中山装款式看起来和门童的服装相似，而保安大衣和主管或者经理的服装类似，设计中的主要区

外保　　　　内保

图3-32　传统保安制服

保安制服（冬、夏）　　　　保安大衣

图3-33　有现代感的保安制服

别在配饰的运用上，保安的服装通常运用亮丽的保安扣，使其职位很容易识别，这是保安制服设计的亮点。

（3）色彩。保安服装的设计色彩以灰色调为主，运用较多的为藏青色、黑色，与西服的用色原则类似。

四、练习

临摹酒店厨师的服装进行设计。

厨师是酒店后勤职业装设计中不可缺少的一部分，整体设计通常采用白色为主，厨师帽、围裙为设计的重点要素，通常通过领口或者门襟设计的不同来体现厨师的不同职位和风格。面料通常以棉和涤棉为主，舒服、柔软、透气。临摹的时候多搜集资料，要注意体会其设计要点，以更好地理解厨师这个职业在设计方面的要求（图3-34）。

图3-34　厨师服装效果图

第七节 咖啡馆与茶馆服装设计

一、任务布置

1.工作任务

咖啡馆和茶馆服务员的服装设计。

2.工作步骤与要求

（1）市场调研。

（2）资料整理。

（3）绘制草图。

（4）绘制效果图。

（5）运用Photoshop软件绘制彩色效果图，设置尺寸为A4纸，横排。

（6）要求设计符合主题环境、文化等，最好能体现公司的CIS特征。

（7）写出设计说明，说明要简明扼要。

（8）学生可以选择同款不同色，也可以选择同款不同装饰或同色不同款式来体现系列的特点。

3.实训分组

分两组，每组选一个装修风格的茶馆。

4.建议课时

3课时。

二、任务解析

咖啡馆和茶馆服务员服装设计和其他项目职业装设计共同之处在于也要考虑咖啡馆、茶馆的环境、装修色彩、风格，其中咖啡馆的服装多为西式服装风格，帽子、领结的搭配是常见的装饰，由于茶馆中式装修比较多，所以茶馆的服装设计多选择中式风格，棉、麻面料，绣花、盘扣也是常用的装饰手段。设计中注意不同职位的区别。服装在系列的表达方面，可以运用同色同款、不同色同款或者不同装饰的设计来体现系列的特点。咖啡馆和茶馆的服装设计要求学生在设计中考虑咖啡馆、茶馆的CIS之外，还要把握的设计要点。

三、案例分析

（一）学生设计的咖啡馆、中式茶馆服务员服装

1. 咖啡馆服务员服装设计

如图3-35所示，是咖啡馆男、女服务员的服装设计，对该设计的分析如下：

（1）服装设计使用的面料花色选择过多，整体上比较花哨，显得乱，色彩过多，通常服装以1~2个颜色较好（特殊设计除外）。

（2）款式设计缺少时尚性，细节设计刻画较少，如分割线、腰部、服装廓型等。三款门襟都没有仔细刻画，左侧吧员的围裙下摆使用花边和整体不搭，设计的过于随意，这些细节是设计中要多注意的。

2. 中式茶馆服务员服装设计

如图3-36所示，为中式茶馆服务员服装的设计效果图。

（1）该组服装设计整体上风格不符合茶馆的风格，中式茶馆通常以休闲、放松、文化交流为目的，目前较流行的装束为棉、亚麻面料为主。

（2）中式茶馆服装款式休闲，并具有文化特色。

（3）该组服装设计不够简洁，拼贴的面料花色有点多，门襟设计

图3-35　咖啡馆男、女服务员服装

职业装设计

的时尚感也不够，有点啰唆的感觉，太繁杂。

（4）色彩黑色为主调也稍显压抑。

图3-36　中式茶馆服务员服装

（二）企业设计师设计的咖啡馆、中式茶馆服务员服装

1．咖啡馆服务员服装设计

如图3-37所示，咖啡馆服务员服装通过相同的款式来体现系列的特点。

（1）此系列以领口、领带的不同来区别职位的不同，这种方法很容易形成统一的效果，是较为常用的系列设计方法。

（2）此组设计整体款式简洁，细节刻画较细致，比如小翻领、精致的纽扣、侧位口袋。

（3）面料选择较好，仿亚麻的面料质感朴实，有厚重感、休闲感。

2.中式茶馆服务员服装设计

如图3-38所示，为中式茶馆男、女服务员的服装设计效果图。

图3-37　同款不同装饰的咖啡馆服务员服装设计

（1）该系列服装面料清新淡雅，给人放松舒适的感觉。

（2）款式设计简洁，细节精致，比如肩部精致的印花设计，门襟、袖口、下摆的线条设计都透露出一个"精"字。

（3）此款设计采用了系列设计中同面料不同款式的设计，整体风格和茶馆的文化吻合。

四、练习

如图3-38所示的案例拓展一组茶馆服务员服装设计，设计的服装与图3-38具有系列感。

图3-38 中式茶馆服务员服装设计

第八节 连锁餐饮系列职业装设计

一、任务布置

1. 工作布置

（1）连锁餐饮职业装设计：男、女服务员，前台女收银员，男、女经理。

（2）连锁火锅店职业装设计：男、女服务员，前台女收银员，男、女经理。

2. 工作步骤与要求

（1）市场调研。

（2）资料整理。

（3）绘制系列五款草图。

（4）绘制系列五款效果图。

（5）运用Photoshop软件绘制彩色效果图，设置尺寸大小为A3纸，横排。

（6）要求设计符合主题的环境、文化等，最好能体现餐厅的CIS特征。

（7）写出设计说明，说明要简明扼要。

3.实训分组

分两组，每组选做一个主题。

4.建议课时

5课时。

二、任务解析

连锁餐饮职业装与酒店餐饮部职业装的不同点主要在于整体档次的不同，酒店餐饮部由于有酒店的大环境存在，所以整体服装的档次要显得略高于连锁餐饮，主要体现在面料的选择，酒店餐饮的面料高档，款式的设计也相对连锁餐饮精致，工艺制作也相对的精美一些。

两组连锁餐饮职业装设计方法是相同的，都可以采用母型主体统帅各子型设计的方式，这里所谓的母型设计就是应先确定一个基本岗位服装的设计，并由此根据其他岗位工作特点，寻找出服装的可变因素，如款式、色彩、功能、搭配和饰物等演变出相应的子型设计。对于系列中的共同点，可以采用同款不同色来体现职位的差别，或者同面料不同细节设计来体现这种差别。

总之，在系列设计中要把握各职位服装的联系性，以体现系列的特点。

三、案例分析

（一）学生设计的连锁餐饮服务员服装

如图3-39所示，连锁餐饮职业装系列设计（一）通过相同的面料体现了系列的特点，不同款式的设计区别了各个职位职业装的不同。

（1）该系列职业装以迎宾服装为母型设计，其他职位的服装通过花色面料的穿插设计加强系列之间的联系。经理服装简单大方，以细节部位的绲边或者拼贴来实现

男服务员　　　女服务员　　　迎宾员　　　女经理　　　男经理

图3-39　连锁餐饮职业装系列设计（一）

与其他职位的联系，但是由于其职位高，所以花色镶拼较少，而服务员由于职位的特点，需要其醒目、易于辨认，所以其设计中使用花色面料较多。

（2）该系列职业装设计的不足之处在于，男服务员服装的纽扣设计过于啰唆，女经理服装门襟的绳边稍宽，内里服装搭配不好。

（3）女服务员模特站立姿态有问题，有点歪斜，模特整体动态欠饱满，比如胸、臀部位不突出，气质不够好。

（二）企业设计师设计的连锁餐饮服务员服装

如图3-40所示，此系列连锁餐饮服务员职业装设计（二）为企业提供。

（1）职业装设计选取了同面料同色、不同款的设计。

（2）设计中值得学生学习的地方有：模特的刻画、系列设计中细节的刻画简洁、到位，比如纽扣、门襟、裤缝、衣纹的设计。

（3）整体构图和背景的添加能较好地烘托设计的效果，色彩搭配时尚性较好。

四、练习

工作任务：KTV迎宾员、服务人员职业装设计。

KTV娱乐行业服装在面料上以闪光、华丽、飘逸为主，在色彩上选择性较广，可以和环境对比，也可以协调，色彩纯度可以高于酒店服装，色彩搭配以时尚性感为主。款式设计可以体现性感时尚，比如可以用斜门襟、无领露肩、露背等时尚元素。在设计中要考虑工作的环境和企业的标识，每个职位的特点要突出，比如迎宾装的花哨或者端庄，服务人员的简洁、时尚、性感使人容易辨识各自的身份（图3-41）。

中餐服务员 中餐服务员/宴会服务员

图3-40 连锁餐饮职业装系列设计（二）

迎宾员 女服务员 女服务员 男服务员

图3-41 KTV职业装设计

第九节 航空公司空姐制服设计

一、任务布置

1. 工作任务

航空公司空姐春秋和冬装的制服设计。

2. 工作步骤与要求

（1）市场调研。要求至少搜集15张不同航空公司空姐制服的图片，并调研目前航空公司制服的现状以及公司的CIS。

（2）绘制彩色效果图。注意色彩运用要合理；款式设计时尚、大方，符合空姐的身份；细节设计要简洁而有内涵。

（3）绘制出款式图，注意细节绘制也要到位。

（4）效果图中备注设计说明。

（5）注意春秋装与冬装设计要成系列。

3. 实训分组

独立完成。

4. 建议课时

3课时。

二、任务解析

空姐是作为民航业的形象标志，代表国家及地域的形象。该类服装最大程度是在机舱这个特定的工作环境中被穿着，为从事内部服务的空姐设计的服饰。功能性为服装设计中首当其冲的重要因素。另外，工作环境也与空姐服装的设计有着密不可分的关系。不同的工作环境对于服装的材料、色彩、款式造型的要求也各不相同。

在面料选择上，需具备吸湿、透气、抗皱、弹性等性能。在色彩的选用上，可以根据机场的企业精神及寓意来设计空姐制服的色彩，形成一个完整的设计系统。

在款式选择上，由于空姐需要清洁、协助旅客放置物品等，经常有抬臂、伸手、俯身、下蹲、倾斜等多种肢体运动，为了符合人体活动的正常需求，必须从服饰功能性出发，设计要紧紧围绕实用功能性，合理的避免走光事件的发生。

细节设计的分寸要把握好，过度的简单利落会稍显强硬，失去韵味，而过度的装饰、夸张又会使人觉得不够高雅。近年来，由于衬衫、领结、套装或马甲款式频繁使用于其他服务行业，故在空姐的服装设计中逐渐被摒弃。

三、案例分析

下面通过学生作业与企业投产案例进行对比分析，使学生注意训练中容易出现的问题，更加明确任务的要求，从而理解最终企业要求的服装效果。

（一）学生设计的空姐服装

1.学生设计案例（一）分析（图3-42）

（1）白色上衣设计缺少时尚感，领型和胸口褶皱的绘制是很常见的款式，要注意突破有所创新。

（2）白色上衣衣纹和褶皱绘制的很难区分，需要注意衣纹和衣褶的不同表达方式。

（3）上衣和裙子绘制的像连衣裙，而且门襟、拉链等细节交代不清楚。

（4）冬装绘制的不完整，鞋子在效果图绘制中也是需要被刻画的。

（5）上装的口袋、门襟、分割线都交代的很模糊，比如口袋大小比例，暗门襟的缝线，省道、分割线的位置和形状的设计都是需要仔细推敲和修改的。

图3-42 学生设计的空姐服装【案例（一）】

职业装设计

2.学生设计案例（二）分析（图3-43）

（1）面料质感表达不太好，但色彩比较时尚和环境能够协调。

（2）款式细节，夏装领口有点复杂，门襟下摆等处的细节设计较少，注意细节设计要精确到缝线的设计。

（3）最突出的问题是服装的工艺设计，缺少分割线和省道，这意味着设计不完整，在实际裁剪中，此款服装无法制作。

（4）门襟等处的蓝色绲边偏粗，不够精致，纽扣表达不明确，模特图片分辨率不高。

（二）企业设计师设计的空姐服装

图3-43　学生设计的空姐服装【案例（二）】

1.设计师设计案例（一）分析（图3-44）

（1）面料质感表达较好，若能够运用Photoshop拼接实际面料的图片，填充效果会更好。

（2）色彩运用了绛红色和藏青色，内外采用了协调的相似色，整体比较大方得体。

（3）款式设计看似普通的廓型，但是领型、分割线、小绲边以及小口袋这些细节设计给看似普通的款式增添了很多内涵，使服装简洁中又不缺韵味。

2.设计师设计案例（二）分析（图3-45）

（1）服装面料质感表达较到位，紧身服装胸、臀刻画的都较好。

（2）款式设计时尚、大方，细节设计较到位。比如绲边、LOGO的位置、门襟、纽扣的表达准确，还有分割线设计，以及服装整体动态、鞋的搭配等较吻合。

（3）色彩采用中国红和深色外套搭配起来对比强烈又有喜感，搭配彩色的围巾时尚大方，简洁不凌乱。

图3-44　空姐冬装【案例（一）】

图3-45　空姐春夏装【案例（二）】

四、练习

工作任务：为地铁设计乘务员男、女职业装，绘制出款式图并配色。

地铁乘务员职业装设计中通常包含的服饰有帽子（含作业帽）、肩章、臂章、领带、领结、领带夹、胸徽、头花、纽扣、皮带、皮鞋（春秋鞋）、背包或者口袋（放置对讲机、补票机等）等，男、女职业装分别设计。

第四章　职业工装设计

学习内容

1. 职业工装细节设计专项练习。

2. 制造加工业服装设计。

3. 工程服装设计。

4. 劳动保护服设计。

学习目标

1. 通过本章节的学习使学生掌握职业工装制服设计的要点，并进一步熟练掌握服装设计软件的运用。

2. 通过项目的学习使学生进一步熟练掌握职业装设计流程以及理解职业装设计的标识性。

学习重点

1. 学习职业工装的细节设计，比如门襟、袖口、领口、分割线等。

2. 学习职业工装不同职业的功能性设计，掌握职业工装常用面、辅料。

学习难点

1. 职业工装结构的功能性设计。

2. 职业工装的标识性设计。

建议课时

12课时。

第一节　职业工装细节设计专项练习

一、任务布置

1. 工作任务

职业工装的领、袖、口袋，每个部位设计5款。

2. 工作步骤与要求

（1）个人搜集职业工装细节设计的图片，对每个职业工装的一个细节部位进行临摹。

（2）根据临摹的平面款式图，设计出另外两款同系列的细节图。

（3）要求运用CorelDRAW或者AI（Adobe Illustrator）软件进行平面款式图的绘制，当然也可以手绘。

3. 实训分组

独立完成。

4. 建议课时

3课时。

二、任务解析

（一）职业工装相关知识点

职业工装起源于英国第一次工业革命期间（1765~1840年），但职业工装在我国真正兴起并迅速发展，是在改革开放以后。职业工装设计在我国的发展仅有三十余年的历史，并且作为职业装设计的一个分支没有得到相应的重视，但最近几年随着经济的发展，人们审美意识的提高，职业工装的设计越来越受到企业的重视，已经成为企业文化建设的一部分。

1.职业工装的概念

职业工装指的是以满足人体工学、保护身体进行的外形与结构的设计，强调保护、安全及卫生作业功能，它是工业化生产的必然产物，并随着科学技术的进步、职业的发展及工作环境的改善而不断改进。职业工装作为职业装的一个类别是由于社会分工细化的实际需求而产生的，适用于一线生产工人和户外作业人员等。职业工装，也被称为劳动保护服，职业工装的款式结构、色彩配置和材料选择都是围绕着防护功能这一目的而进行设计的，这也正是职业工装区别于其他服装的个性特征所在。

2.细节设计要点

由于职业工装的外观轮廓不宜进行夸张的变形，大都以宽松的夹克款式为主，因此细节设计成为现代职业工装设计的一大切入点。下面通过职业工装细节部位：领、袖、门襟、口袋、裤口等的设计进行分析，对不同工种职业工装的细节设计进行归纳和总结。

一般在职业工装的设计中都强调四严处理，即领口严、袖口严、下摆严、裤脚严。但随着企业对安全生产的要求和重视，一味地四严处理并不能满足各行业不同工种对职业工装的要求，因此有针对性的对细节部位进行人性化设计是职业工装设计的关键。职业工装的细节设计包括领的设计、袖的设计、门襟设计、口袋设计、后背设计、下摆设计、裤口设计等。

（1）领的设计。职业工装强调领部的可调性设计，以增加对员工体型的适应性，但对应不同的职业工种，领的设计要求也各不相同，常见的领型设计主要有以下几种：

①立领。立领是职业工装中常见的领型，立领的设计给人以传统和保守的印象，使得服装款式更加完整和正式，在厨帅服中，尤其是中式厨师服（图4-1），不仅给人舒适美观的印象，而且能体现中国文化的内涵。某些特殊行业的工装，立领的设计要根据工作性质和岗位职能的要求而定，例如，可以考虑在领口用魔术贴起到保护颈部和防止粉尘进入的功能（图4-2）。对于冷冻加工车间的工人，立领最好采用弹力针织面料，这样才能更好地贴合人体颈部，防止冷气或污染物的进入。

②翻领。一般公交车司机、清洁工的夏

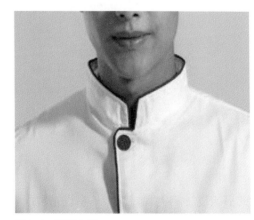

图4-1　厨师立领

图4-2 防尘立领

图4-3 翻领设计

季工装会采用翻领设计，这样可以减少穿着者在工作中流汗时带来的不舒适感。另外，企业科室人员和生产管理人员的工作服也常采用翻领或驳领的设计，因为他们在工作时只需要更换外衣，采用此领型既能将他们的衬衫和领带外露，又可以区别其他生产工人的工装（图4-3）。

③连帽领。连帽领的设计主要是考虑到特殊的工作性质以及恶劣的工作环境，如炼钢及铸造行业的工作服，需要考虑避免工作危险的防护性及散热透气性，常常会采用特种面料的连帽长外衣式样，连帽加以通风面料，用系带或者魔术扣来收紧脖子或头部（图4-4）；对于某些在野外工作的工种来说，连帽领的设计主要起到防风沙、雨水的作用；对于食品加工作业的服装，连帽服的设计是为了保证无尘的工作环境。

（2）袖的设计。

①一片袖。一片袖也叫衬衫袖，是职业工装中常见袖型，由于一片袖与衣身的服帖度较好，比较适宜人体活动时所需的松量，使服装在穿着过程中不会产生过多

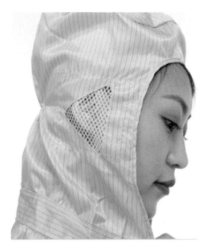

图4-4 连帽领

的褶皱以影响美观。对于从事设备装配工作和煤炭工人来说，由于其手臂活动量较大，考虑到工作的便利性，袖子的设计不宜过短和过瘦，以便于工人完成攀爬、拉伸等作业

动作要求。另外，根据不同工种的实际工作性质，可以考虑在后袖窿肩背部、肘部等部位设活褶，以满足操作者手臂前屈的松量要求，袖子腋下设透气孔，并添置袖扣以方便热天袖子上卷。组装车间的装配工穿着的工装，袖山不宜过高，袖窿肥与袖肥不宜过小，以方便攀、登、拉、抓等作业动作（图4-5）。

②插肩袖。对于活动量较大的工种，工装插肩袖的设计能更有效地散发人体运动所产生的热量，一般在袖窿、肘部等部位增加活褶，袖子设计分割线以及可调节袖口等方法，将服装放松度设计为可调节型，以满足最大幅度动作的需要（图4-6）。

但是，由于插肩袖工艺制作相对于一片袖复杂，故在职业工装中设计插肩袖的服装并不多。

（3）门襟设计。工装的门襟设计常见纽扣、拉链并用的复合形式（图4-6），有的工装门襟也采用便捷的尼龙搭扣形式。冬季工装为了保暖考虑采用复合门襟设计，即内襟装拉链、外襟钉明扣。

（4）口袋设计。工装的口袋是为了方便穿着者放置必需的工具和小物件，常见工装口袋的类型有贴袋、挖袋、箱式袋以及半侧身的斜插袋结构。为了保证作业时的安全，一般袋口不应呈张开状态，要设有袋盖、钉扣封口或拉链封口，其目的是为了防止杂物落入或被周围器械扯挂，以及避免物品的遗失（图4-7）。口袋的数量和位置设计要根据工作性质的需要来决定。比如在物流搬运、地勤、卫生保洁等的工装中，由于这些岗位的活动和运动量较大，为了提高工作效率，工装需要简化处理，因此口袋的数量要少，尽量省略侧袋；对于维修、司机及车辆管理岗位，由于其属于技术工种，活动空

图4-5　一片袖

图4-6　门襟设计

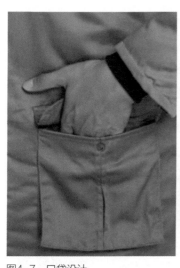

图4-7 口袋设计

间较小，工作中需接触大量的工具，所以可以考虑去掉胸带，将侧袋设计成储物和插手为一体的复合贴袋。

（5）后背设计。后衣身背部可设计成有横向或者竖向的分割线，对于环卫、公路养护工人的服装，由于他们常穿梭于市区道路、市外公路或者铁路等危险系数较高的环境，为了安全考虑和夜间工作的安全性，需在后衣身背部增加荧光条带。

（6）裤口设计。工装裤的裤口可根据工种的不同选择在一侧开口，用拉链或者尼龙搭扣系合，方便迅速卷起裤腿进行攀爬、涉水等活动；或者设计成束脚裤，在裤口处以克夫、裤襻、绳带等束紧，可保护身体，也便于行动（图4-8）；冬季的工装裤口可为双层设计，松紧带调节，内层裤口是为保暖，外部裤口则是为了美观。

图4-8 裤口设计

总之，对于职业工装的设计，要求是保护作业人员的身体不受环境中有害因素的侵害，改善和提高工作效率。不同行业有不同的功能防护要求，工装在领、袖、门襟、口袋、后背、裤口等细节部位的设计需要根据工作性质的不同来决定。虽然职业工装只是企业生产的一个细小环节，但其带来的实际功效和影响却远远超出了服装本身，所以应该被企业重视。

第二节　制造加工业服装设计

一、任务布置

1. 工作任务

钢铁厂工人的服装设计。

2. 设计步骤与要求

（1）每个人搜集职业工装设计图片10张。

（2）根据资料课堂分组讨论，分析钢铁厂工人职业工装的主要设计要点。

（3）学生运用CorelDRAW或者AI软件进行平面款式图的绘制，也可以手绘。

（4）设计中要求运用企业的标志图形，考虑企业的CIS设计元素。

（5）每个学生单独设计，设计后的作业上传共享，由企业专家和教师评价。

3. 建议课时

3课时。

二、任务解析

　　制造加工业制服早期是以"劳保服"形式出现的，款式简单，颜色非蓝即黑，仅起劳动保护作用，毫无美观可言。随着国内工业的发展，制造业竞争力的加剧，制造企业已不是生产主导市场，而是由市场需求来主导生产。同业竞争的加剧，必将使一批低效高耗、管理不规范的企业被淘汰，从而兴起了一些新型的标准化模式管理，注重企业形象与信誉已成为现代化企业着装的要求。

　　制造加工业服装强调的是实用、便于工作，尽量采用挺括美观、经久耐磨的面料。图4-9所示的服装适合于各类制造企业、石油、化工、冶金、电子、软件、汽车制造、机械制造、物业管理等企事业工作人员、工程人员穿着。

　　在款式和色彩上，制造企业制服设计有非常大的发挥空间。首先可通过制造业

图4-9　制造加工业服装

图4-10　企业标识与宣传语

图4-11　学生
作业案例（一）

图4-12　学生
作业案例（二）

的主要岗位特征来分类区别，如生产、管理、质检（QC）、机修、库房等。在设计这些不同岗位服装时，可通过制服的颜色体现该岗位的职业特征，如质检服装可采用红色或黄色，机修服装颜色要深、耐脏、耐油污等。

制造加工业服装设计还可考虑与企业CIS的内容相结合，比如企业Logo、企业使用的标准色、企业广告语等（图4-10），通过字符或色彩展现企业的精神风貌与经营理念，工装设计推陈出新，加入时尚元素，并且结合行业特点，不仅可帮助企业改善形象，更可提升企业文化内涵。

三、案例分析

（一）学生设计的制造加工业服装

1.学生作业案例（一）分析

如图4-11所示为学生作业案例（一），该款职业装分析如下：面料质感表达不到位；款式设计比例失调，比如上身下面两个口袋太小；细节设计如口袋缝线、分割线、门襟缺少刻画。色彩整体尚可，但明暗处理不到位。

2.学生作业案例（二）分析

如图4-12所示为学生作业案例（二），该款职业装同样细节刻画不到位，纽扣的设计、门襟的设计、分割线的设计、裤子的挺缝线和衣纹以及标识的表达都不清晰，这是学生初次设计最容易出现的问题。

（二）企业设计师设计的制造加工业服装

图4-13为某钢铁厂工人的服装，从图片可以看出：

（1）面料。该款服装的面料选择了涤卡，涤纶是三大合成纤维中工艺最简单的一种，价格也比较便宜。卡其布质地紧密，手感厚实，挺括耐穿，在使用中经多次洗涤，仍能不变形。该面料结实耐用、弹性好、不易变形、耐腐蚀、绝缘、挺括、易洗快干，具有保护功能，价格不贵，实用性强，常用来制作对面料牢度要求较高的劳动服。

图4-13 钢铁厂工人服装

（2）款式。款式采用夹克式，符合职业工装的"四严一简"。"四严"是指服装领口、袖口、下摆、裤脚四处的封口严密，作为钢铁厂工人服装可以达到隔热、防尘的效果；"一简"是指服装口袋的简练实用，以减少操作中的钩、缠、拉、绊造成的危险发生。细节处口袋和门襟采用了纽扣封口，也考虑了操作时候的安全性。

（3）色彩。采用了深蓝色搭配卡其灰，尤其是口袋口精致的色彩镶嵌，在视觉上感觉美观，整体的色调耐脏，符合卫生的要求。整体设计达到了艺术性与实用性的结合，值得我们学习。

第三节 工程服装设计

一、任务布置

1. 工作任务

工程建筑服装设计。

2. 设计步骤与要求

（1）个人搜集细节设计的图片，每款工程建筑职业装的细节部位选择临摹一处。

（2）根据临摹的一款平面款式图，设计出另外两款同系列的细节图。

（3）要求运用CorelDRAW或者AI软件进行平面款式图的绘制，也可以手绘。

（4）每个学生单独设计，设计后的作业上传共享。

3.建议课时

3课时。

二、任务解析

工程建筑系列工装设计要点如下：

1.主要分类

按照职业工装的设计惯例，根据工作环境的特点，将工程建筑系列工装基本分为普通工装、特种工装及野外作业服。考虑季节变化可细分出具体款式，分别为普通工装夏服、普通工装春秋服、普通工装冬服、野外工作服夏装、野外作业服春秋装、野外作业服冬装、特殊工种服装、马甲等。特殊工种服装的设计可与普通工装的款式相同、面料不同，也可在普通工装的基础上局部加防护附件。

2.色彩、款式

国外工装不仅在人体工学的基础上注重结构、款式开发，而且运用工装颜色对视觉的影响提高施工操作的安全性。在德国，工人除了有日常工作服装之外，一般还有一些小的适应具体工作的服装附件。例如，野外工作或户外抢险工作人员都穿鲜艳的橘黄色或明黄色马甲，马甲下摆有异色饰边，其颜色视岗位而异。这种职业服装设计构思值得我们借鉴。工作常服可以差异化，用穿在常服外的马甲来标识，款式相同，色彩醒目，标识性强。款式上多采用夹克式，运用分割线设计、口袋的设计来表达艺术性和实用性。在设计中也应该考虑公司的CIS，与其他公司的工装区别。

3.面料

工程建筑系列工装的面料选择很重要，一般常用的面料有棉织物、中长纤维织物、化学纤维织物等。棉织物吸汗性强、穿着舒适、手感柔软，应用较为广泛，如纱卡、涤纱卡、全棉细帆布、珠帆布等；中长纤维织物垂性好、手感好、耐劳度强，如涤卡、涤黏（涤纶和黏胶纤维的混纺）织物等；化学纤维织物易洗快干、不起皱、不起毛、不起球，如涤纶织物、腈纶织物等。

三、案例分析

如图4-14所示，为建筑工程的标识服，该款面料采用了涤棉面料，耐磨、透气。款式上适合从事有一定危险的工作，醒目的反光条，具有醒目警示的作用，口袋方便装一些工具，口袋的纽扣锁定避免被钩挂或缠绕等，这款服装也适合化工、水电工、物业绿化工等，是比较普遍适用的款式。若是不从事危险职位工作的人员穿着，反光条可以改为普通的拼贴或者去掉。

此外，在绘制效果图的时候，一些特殊的细节部位要单独局部绘制出，或者文字备注清楚，比如图中袖子的卷袖设计，口袋和logo设计的备注，能让人一目了然。

上衣左胸绣LOGO

袖子为卷袖
适合春秋夏季穿

裤子加多功能口
袋以便放工具

后背处理

衣服背部加反光条

春秋夏装　　　　　　　　冬装

图4-14　建筑工程标识服

第四节　劳动保护服设计

一、任务布置

1.工作任务

护士工作服设计。

2.设计步骤与要求

（1）款式分割练习。个人选择一款护士工作服，临摹出款式后在衣身上做分割设计，主要考虑省道、公主线和其他分割线。

（2）个人搜集医院的标识性图标。结合考虑服装设计的三要素进行护士服装的设计。

（3）要求运用Photoshop软件进行效果图的绘制。

（4）作业上传共享，以备企业点评。

3.建议课时

3课时。

二、任务解析

医护人员的着装是指医疗、救护工作人员在工作状态下的着装，主要为医生工作服和护士工作服。医护人员的服装属于劳动保护类服装，下面就劳动保护功能的服装设计要点进行分析。

1.劳动保护服的功能特点

职业工装中的劳动保护功能工装因工作环境的特点，必须具有保护作业人员的身体不受作业环境中有害因素侵害的功能，以实时地改善和提高工作效率，保证作业人员能够准确、安全、高效地完成工作任务。

不同产业的职业工装有不同的防护功能要求，见表4-1。

表4-1　行业职业装防护要求

行业	服装防护要求特点
石油行业	服装应具有防油、防水、防潮、防酸碱、透气、保暖、活动方便的特点
化工行业	服装应具有防酸碱、耐高温、防热辐射、阻燃透气的功能
地矿行业	服装需防寒、隔尘、保暖、质轻、牢固、耐用、色泽鲜艳
煤炭行业	服装需防尘、抗静电、不粘粉尘、保暖、易洗易干、质轻，而且便于活动
冶金行业	服装应具有隔热、透气、质轻的功能性
核工业	服装需要防辐射、防高温、轻便舒适
医疗保健业	服装具有防菌、耐洗涤、耐高温消毒、柔软、健身的功能
电子工业	服装对抗静电、防微波的要求甚高

2.劳动保护服的设计要点

从广义上说，防护性体现在防护的多方面。具体有如下几种：内防护，通过直接与皮肤接触的防护；外防护，即服装外层的防护措施；软防护，心理上的防护，表现在色彩、风格的选择上，如色彩可以给人轻重冷暖的视觉感受，风格的定位还要与作业环境相和谐等；硬防护，是指严重危及人体安全的重要防护，如航天服中的代偿服、高空飞行的防寒服；弱防护，是指较小的防护，常见于静电与皮肤之间，易被人忽视防护。

同时，防护的对象必须具有很强的针对性、专业性和独特性。例如，日常生活中的电工作业服必须绝缘、防水、防止腰肌劳损，并且配备登高安全带；消防服需"全副武装"，必须防火、隔热、阻燃、抗高温，才能深入火海；上天入地的航天服、潜水服除了耐寒、保温、控制气压、舒适性，还需配备专门的氧气供应系统（图4-15）；潜水服要注意伸展性、贴身的舒适性、不同压强下的受压能力等（图4-16）；防弹服需能抵挡流弹的袭击；医院要树立"救死扶伤"的白衣天使形象，必须着装整洁，如医生服、护士服、手术服、病员服等，颜色以白色、浅蓝色、浅粉色为主。比赛用的职业运动装，也对防护性提出了特别的要求，例如，拳击师的手套保护了比赛的双方；赛艇运动员的橘红色救生背心可以让鱼望而生畏；自行

图4-15　航天服

图4-16　潜水服

车专用比赛服的内裆设计，增加柔软的海绵，以防止运动员受到摩擦损伤皮肤；运动员各类比赛用的护膝、头盔、腰带、手套、专用鞋可以防止和减少运动过程以及环境造成的伤害。

另外，要注意最新科学技术的发展并运用。如国内外研制出的高性能防水服装面料，它由强伸缩性的超薄型聚氨酯薄膜的两面附着聚酯纤维构成，使面料形成三层结构，是温控织物，能起调温作用的服装面料，冬暖夏凉，具有强身健体作用；变色植物，可由人的心情改变服装的色彩；保健微循环服，穿上这种特殊面料的服装，人体可以不停地接受远红外微波的照射，从而充分改善人体微循环，促进人体新陈代谢，预防和辅助治疗多种疾病；防菌医用面料，可用于长效耐洗涤的医疗保健服务和童装，还可用于防菌医用工装。

三、案例分析

医护人员的服装主要为医生工作服和护士工作服，护士工作服基本款式如图4-17所示。

由图4-17可以看出护士服的设计点主要在领子、门襟、口袋等部位，领通常采用小立领、小西装领，门襟通常为直襟或者斜襟，色彩以浅淡为主，面料以涤棉织物为主，具有吸湿、透气、耐洗的特点。

图4-17 护士服

第五章　职业时装设计

学习内容

1. 职业时装概述。
2. 职业男装设计。
3. 职业女装设计。

学习目标

1. 通过本模块的学习使学生了解职业时装的风格及分类。
2. 通过本模块的学习使学生掌握职业男装的设计方法、设计步骤；懂得分析目标市场，把握市场的定位；掌握职业男装的面料与色彩设计原则以及职业男装系列设计的要点。
3. 通过本模块的学习使学生能够在把握市场定位的基础上，掌握职业女装的外轮廓造型、面料与色彩设计要点。

学习重点

1. 职业时装的风格。
2. 职业男装的设计方法、设计步骤、目标市场分析与定位、面料和色彩设计要点。
3. 职业女装的造型设计、面料和色彩设计的要点。

学习难点

1. 职业男装的目标市场定位、设计方法、面料和色彩设计要点。
2. 职业女装的目标市场定位、造型设计、面料与色彩设计要点。

建议课时

12课时。

第一节　职业时装概述

职业时装偏向于时尚化和个性化，是非统一性的时装式职业装。职业时装具有很浓厚的商业属性，相对职业制服来说，这类服装更追求品位与潮流，时尚度高的同时也不失制服特性随着潮流的变化，职业时装设计更为独特创新，融入了更多流行元素，细腻且富有变化。在款式和风格上都有突破，款式比职业制服和职业工装更为松散多变，细节设计更为别致醒目。在风格上有多种倾向，如休闲风格、运动风格、时尚风格等。按照职业装的商品品类分为外套、套装、衬衣、裤子等。在性别上分为职业男装和职业女装。

一、职业时装的风格

职业时装中的时尚元素给人们带来的不仅是优雅的仪表、与众不同的气质和神韵，更赋予人们一种愉悦的心情，体现不凡的生活品位，展露张扬的自我个性。随着时代的发展，人们对于职业装时尚化的要求越来越高，期望职业装的款式和种类更趋于国际化、个性化、高档化、专业化。不同时期的流行趋势和从业者身份地位对职业时装的需求不同，从而形成了多种具有明显特色的职业时装风格。

1. 男性化风格

这是指在职业女装的设计中借鉴男装的特点，吸取男装中表现刚性、实用、简洁的元素，如V型的造型、宽阔而有棱角的肩线、直线条的男式翻驳领和口袋等。在面料上，常采用与男装相似的硬挺、厚实、粗犷的材质。在色彩上，多选择男装常用的黑色、灰色、藏青色等，常与邻近色或无彩色搭配。从整体上来看，造型简洁、粗犷，线条刚硬、尖锐，色彩沉稳、内敛。男性化风格的职业女装在80年代极为盛行。

2. 中性化风格

中性化风格不但具有男装刚性、简洁特征，还具有女装的一些特点，如柔和的线条、细腻的材质、精致的装饰等。"职场无性别"，中性化职业女装正符合了这一职场处世原则，顺应了现代职业女性潜在的内心需求，在20世纪90年代中后期广为流行。

3. 民族风格

这是指在职业装的设计中融入各种民族服装的元素，柔化服装的职业倾向，增强服装的特色和个性。这种风格中的民族特色受流行趋势的影响比较明显，时而是中国风格，时而是波希米亚风格，时而又是南美风格等。民族风格的职业时装设计在各个时期中随服装的流行时有出现。

4. 休闲风格

职业装中休闲风格变化最为丰富。服装造型柔化，肩线自然，肩角模糊，衣身宽松；服装中的各个细节趋向于简洁化，且以直线型居多；套装的色彩选用多为含灰的自然色，色彩之间的对比度较弱；面料主要是天然纤维材料；在穿着方式上，休闲风格打破了传统的套装穿着方式，如将套装拆开与其他单品服装重新搭配。

职业装的风格还有很多，如优雅风格、未来风格等，为商务人士提供了丰富多样的选择。

二、职业时装按性别分类

1. 职业男时装

职业男时装设计多采用比较经典的款式，主要以西装配衬衣领带为主。随着现代生活方式和科学技术在服装领域的广泛应用，男装发生了巨大的变化，从正式趋向休闲，各种新型面料、辅料和工艺技术与西装的造型、细节的变化相结合，设计出多种款式的男装。职业男时装搭配方式灵活多变，除了与硬领衬衣搭配，还可以与T恤衫等相搭。职业男时装造型上重视创意性，色彩由传统的暗色系逐渐发展为较为柔和的灰色调及各种深浅不同的色彩系列。总之，职业男时装设计，更多地采用较为人性化、悬垂性能好、款式简洁自然、宽松柔软、具有亲切感的设计风格。

2. 职业女时装

职业女时装的特点是能体现端庄、高雅、干练和充满自信的形象，职业女时装设计以合体的造型、中性的色彩、时尚的面料和细节的变化为主，现代职业女性的服装以简约合体，避免过于时髦、夸张、过肥、过瘦、过于鲜艳的色彩和过于烦琐的装饰。职业女性尤其是白领阶层对生活质量要求越来越高，对个性追求也越来越强烈，穿着观念也更强调个性、高品质，所以职业女时装正趋向高级成衣化。

第二节　职业男装设计

一、任务布置

1. 工作任务

拟定一个时尚商务男装品牌，设计一个系列的时尚商务职业男装。

2. 工作步骤与要求

（1）拟定一个时尚商务男装，明确产品风格定位，并通过调研，收集与之相类似的同类产品图片和流行趋势图片80款以上。

（2）整理设计资料，设计构思并草图绘制。

（3）要求运用绘图软件进行效果图的绘制。

（4）作业上传共享资源。

3. 建议课时

4课时。

二、任务解析

打拼于商业圈的男人们既希望给人一种精致优雅的高品位形象，又渴望从严肃古板的传统套式中解脱出来，于是就诞生了一种新型的商务形象——时尚商务装。即服装元素新潮，与时俱进；着装形象雅致，与商相宜。时尚商务装既要强调与商务活动相适应的基调构成，又必不可少地融入流行元素，从而使男人在有效从事商务活动的同时，还享受了精彩多元的时尚生活。

1. 设计方法

（1）夸张法。夸张法是指对服装造型中的某个要素或特征进行夸大或缩小，从而追求造型的多变与新颖。夸张法通常是以一个原有的部位造型为基础，这些部位可以

图5-1　Dirk Bikkembergs 2018春夏

图5-2　胡戈·波士（Hugo Boss）2018年春夏

是领、袖、袋或衣片等服装的任何一个设计元素，在此基础上对其进行夸大或缩小，追求其造型上的极限，以此确定最理想的造型。夸张法在商务休闲男装设计上应用很广泛，例如，近几年非常流行的超大廓型，其实也是运用了服装整体比例夸张的设计手法（图5-1）。

（2）逆向法。即反方向思考问题的设计手法。逆向法可以打破固定思维的影响，达到出人意料的设计效果。这是能够带来突破性结果的设计方法，逆向法的内容既可以是题材、环境，也可以是思维、形态。逆向法在现代商务休闲男装中的应用也非常广泛（图5-2）。

（3）转移法。转移法是根据用途将原有事物转化到其他相近或相反的领域，目的是寻找新的解决问题的可能性，研究其在别的领域是否可行，可否使用代用品等。在商务休闲男装设计中，转移法就是将不同的设计风格相互结合，从而产生新思维，碰撞出新的服装品类。例如，将商务装转移到休闲装领域，就变成了商务休闲装（图5-3）。

（4）变换法。变换法是指改变某一结构要素，产生新的结构形式。在服装设计中一般从变换设计、变换面料、变换工艺三方面入手。变换设计注重变换服装造型和色彩，变换材料侧重变换面料，变化工艺是指变换服装的结构和制作工艺。

纵观各时装周，变化法在商务男装中应用非常广泛，如迪赛（Diesel）2017/2018秋冬男装时装周应用了变换法，使原本严肃的夹克装变得运动、时尚（图5-4）。

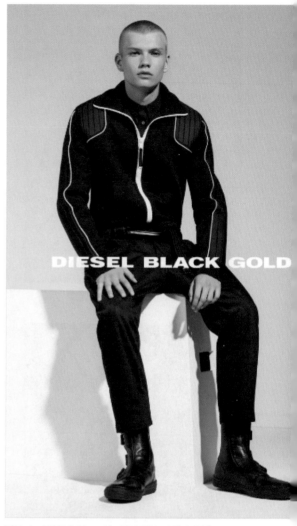

图5-3　Cortefiel 2018春夏　　　　　　图5-4　迪赛（Diesel）2017/2018秋冬男装

（5）加减法。加法一般用在浮华艳丽的舞台服装和造型中，而减法在极简、理性的时尚中应用较为广泛，但加法和减法都是相对而言的，不管是加法还是减法设计，都要把握合适的度，才能更好地为服装设计服务。一般商务休闲男装的设计用减法较多一些，造型和色彩搭配方面的简单凸显了商务休闲男装的正式着装理念，给人稳重踏实的心理印象。

2. 设计步骤

（1）目标市场分析。设计是一门艺术，也是一门技术。服装设计最终是要投入市场，接受消费者的检验，所以市场是设计的导向。服装只有得到消费者的认可购买，服装设计的价值才得以实现。因此，目标市场的建立是服装设计的第一步。只有当设计者以市场作为设计导向，才能提出明确的设计思想，并在其界定的原则下，展开适合的设计工作。目标消费群的典型特征分为以下几个方面：

①年龄段。年龄是市场划分最直观的要素，不同的年龄段有不同的消费需求。在服装设计中首要考虑的就是年龄段。例如，对同一件服装，青年、中年、老年要求就不一样。青年人群生活节奏快，对时尚较为敏锐，再加上资金相对没有中年人群稳定，所以会倾向选择款式时尚、价格较低廉的服装，因此快时尚成为这部分人的首选。中年人工作稳定，经济较宽裕，注重衣服的细节和品质感，对时尚的捕捉力有所下降，可能更倾向于一些品质感好价格相对贵的一些品牌服装。老年人对服装款式，时尚性等要求一般，他们更加注重舒适性。

②生活方式。在设计职业男装时，充分考虑各阶层的生活方式是必不可少的。在人类的生产活动中，人们的穿着能鲜明的反映人的生活方式和社会准则，人们的服饰是一个符号，给人以深刻的印象。现代男士生活节奏快，压力大，他们渴望在服装方面弥补心里的苦闷。职业男装休闲化的趋势也因此愈演愈烈。如商务休闲男装介于职业装与休闲装之间，兼具功能性和随意性，提供给人们更有品位的生活理念和更多的生活选择，适合各种场合的着装要求。这不仅是一种着装风格，同时也体现着当代男士的生活态度。近年来，商务休闲装已越来越多地成为被消费者所接受的服装类型。由此可见目标客户群的生活方式对服装设计有很大的启示作用。

③价格档次。价格在反映服装档次方面是最直观的。在相当程度上描绘出了市场定位的大致轮廓。档次的确立有利于设计师在面料的选择、制作工艺的难易程度进行考虑，使设计师能够较为准确地根据产品档次，设计符合这一档次消费层的款型。

（2）设计定位。

①品牌定位。准确而适合的品牌定位是一个品牌乃至企业的根本。在进行市场定位前，大量的市场调研是必备过程，我们需根据市场细分目标客户群。

②风格定位。一个品牌的风格能给人以最直观的感受，好的品牌有其明显的风格特征及定位。要想把握正确的风格，首先要对目标群体有深入的了解。我们必须抓住消费群体的特征，保持风格定位和品牌形象的一致。

③消费定位。消费定位一般可按消费层次分四种类型，即超高端消费、高价值消费、中端价值和低端价值消费。采用何种定位适宜和销售方式也有很大的关系。品牌对消费的定位决定了品类的价格区间，也决定着品牌的销售终端。

（3）商品企划形式。

①主题理念的确立。设计的主题就是设计的灵魂，主题的确立为后续工作提供了清晰明确的方向。主题起着引导性的作用，有了好的主题设计才会清晰，设计作品才

会动人心弦。所以，在职业男装设计工作中，第一步便是提出设计主题。

设计中主题的选择是非常宽泛的，可以是设计师的设计意向，也可以是一种服装的类型。譬如：地域文化、环境保护、建筑雕塑、自然素材、传统文化、服装史、生态平衡等都可以成为服装主题。如我国奥运会的成功举办，带来的运动风潮，设计师把握了这一主题，市场上涌现出了大量运动风格的服装，一经推出备受欢迎。由此可见，在商务男装设计中主题起着举足轻重的地位，设计师需要把握时代脉搏和创新精神寻找合适的主题进行设计。

②流行色彩。走进商场，映入眼帘的便是色彩。色彩是服装设计三要素之一，可见色彩是服装构成的一个重要因素，色彩对现代商务休闲男装设计也是缺一不可的，男装色彩的选择可以烘托主题理念。男装色彩的选择必须与主题、理念相吻合，使其产生有机的关联而非概念的分离，让人一看，立刻就能理解其主题色彩中所推崇的生活方式和所标榜的精神状态。

③面料。面料是服装设计的重要载体，也是反映男装品质的重要指标，在经济科技日益发展的今天，面料推陈出新，为服装设计提供了更广阔的空间。面料作为男装设计，是传达时尚、区分档次的承载物体。对现代职业男装设计来说，面料也是丰富的造型手段之一，而色彩、肌理、图案等都是面料设计的关键所在。纵观各大时装周，当今国际男装面料有着向天然化、环保化、轻薄化等方面发展的趋势。符合现代商务人士对回归自然、回归人性的渴望。

④服装廓型与款式。服装的廓型是指服装呈现的大轮廓，类似于剪影。服装的廓型作为首要印象是传达服装主题和风格的关键。相对女装来说，职业男装在廓型与款式上的变化较为含蓄和内敛。确定与主题相吻合的基本廓型，对下一步设计工作至关重要。

三、案例分析

1. 设计灵感与主题

设计的主题就是设计的灵魂，在职业男装设计工作中，第一步便是提出设计主题。

如图5-5所示，作品的设计灵感来源于布达佩斯大饭店。故作品主题为《布达佩斯大饭店》，是作者对商务休闲男装的特征进行系统研究之后，认识到商务休闲男装传达轻松的商务理念的同时，也要兼顾平时的休闲时刻。整个系列希望为商务人士严谨

图5-5 休闲商务装

沉闷的衣橱注入轻松的气息，整个旨在传达轻松、休闲的商务生活理念。

2.设计实践过程分析

（1）设计与制作流程。设计流程为确立主题→灵感来源进行提炼分析→效果图的绘制→确定面、辅料→制板→坯样试制→调整修改纸样→确定板型→缝制成衣→整体搭配。

（2）款式图和效果图的绘制。

①款式图绘制（图5-6）。

②效果图绘制（图5-7）。

（3）色彩和面料。

①色彩。商务休闲男装的色彩多采用稳重素雅的色调与小面积点缀色对比的方法，这种稳重又不失轻松的色彩给人以成熟、干练、深邃的男性化联想，从而给人可靠、忠诚的心理印象。但近些年商务休闲男装在色彩上也屡屡突破，如姜黄色、浆果红、烟熏紫、暖橘色等温暖浪漫的颜色也出现在各大时装周，传统观念上沉闷的色彩越来越向丰富、鲜亮的方向发展，传达出时尚、舒适的新商务休闲理念。

该商务休闲男装设计在色彩的选择上以锈铜色、深秋棕、橘皮橙、铅铂灰等温

ISPLAY 2018-2019F/W

商品精神：灵感来源于电影布达佩斯大饭店的一系列浪漫复古的设计

年龄定位：25-45岁

参考品牌：Tmomrrowland, Ermenegildo Zegna

目标客户：浪漫复古，喜欢简约风格的青年。

类别	构架表						
	夹克	西装上衣	长袖针织	针织背心	衬衫	裤子	总数
	1	1	3	1	2	4	12

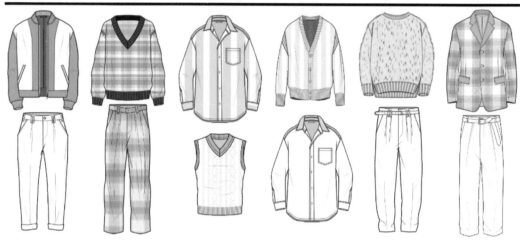

图5-6 款式图

KEY LOOKS

图5-7 效果图

暖、轻松、典雅的颜色为主。从而更加突出整体服装的轻松、怀旧感。传达出轻松便捷的商务理念。

②面料。系列男装产品面料设计的原则应建立在主题设计概念的基础上，通过对男装设计主题概念的理解来选择所使用的面料组合，反之面料组合后的视觉效果需要很好的展示主题概念。在选择时首先考虑面料表面的质地效果、手感、肌理、线条感，能很好地体现服装产品主题的特点，在此基础上，对面料进行组合选择。在选择

过程中规划上装、下装面料、内搭面料等。面料的选择作为商务休闲男装传达时尚、区分价格档次的承载物起着不容小觑的作用。

　　该设计作品结合主题，传达的休闲轻松的生活理念，在面料上选择了麂皮绒、羊毛呢、复古格纹针织物、肌理针织物等面料（图5-8）。

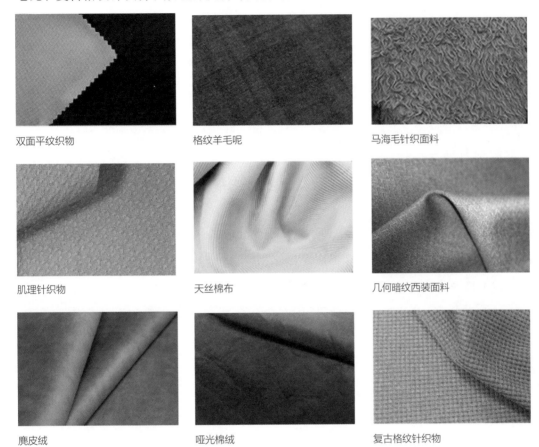

双面平纹织物　　　　　　　格纹羊毛呢　　　　　　　马海毛针织面料

肌理针织物　　　　　　　　天丝棉布　　　　　　　　几何暗纹西装面料

麂皮绒　　　　　　　　　　哑光棉绒　　　　　　　　复古格纹针织物

图5-8　系列面料

第三节 职业女装设计

一、任务布置

1．工作任务

拟定一个时尚职业女装品牌，设计一个系列的时尚职业女装。

2．工作步骤与要求

（1）拟定一个时尚职业女装，明确产品风格定位，并通过调研，收集与之相类似的同类产品图片和流行趋势图片80款以上。

（2）整理设计资料，设计构思并草图绘制。

（3）要求运用绘图软件进行效果图的绘制。

（4）每个学生单独设计，作业上传共享资源。

3．建议课时

4课时。

二、任务解析

职业女装是职业装中颇具活力、最受时尚影响、市场竞争相当激烈的一个服装品种。

1.职业女装造型

职业女装的外型比一般的时装更加简明、概括，采用更加明确、肯定的廓型边界线，同时，长度、宽度的对比不宜过于夸张，在空间占有量和占有形式上形成风格。通常的H型、X型、T型、A型、公主线型、郁金香型、V型、Y型等造型都是职业女装可以采用的较好廓型。近年来受国际流行趋势的影响，职业女装呈现出休闲化和女性化的时尚特征，相应的H型、X型因其宽松随意或富于曲线美的特征在职业女装市场上大行其道。

（1）H型。H型又称垂直型、箱型或矩形造型，H型造型比较强调肩部造型，自上而下不收省、不收腰，严谨、庄重，适度离体，具有细长、简洁、安定、稳重的特点。过去多用来设计端庄、高雅的职业女装，现在在休闲风格的职业女装中运用得也很广泛，如淡雅知性的直身连衣裙、简洁大方的系带风衣和宽松舒适的大衣等，既适合年长沉稳的高层职业女性穿着，也适合年轻活跃的职场新人。H型职业女装有刻板、单调的缺点，可以采用线条分割、服装配件、材料的肌理对比、图案点缀等多种形式打破造型的严肃感。

（2）X型。X型类似X字的外形，X型造型强调肩部、缩小腰部、放大下摆，是女性服装的基本型，它是依据女性体型的自然曲线所形成的窈窕、优美、自然的造型风格，也是塑造成熟、干练、优雅的职业女性形象的最好选择。近年来，X型从时装界一直流行到职业女装中，使职业女装的腰线卡紧，下摆适度张开，勾勒出职业女性的优美曲线，尽显职场女性的柔和妩媚，比较适合记者、公关人士、小学教师等穿着。

（3）T型。T型造型肩部夸张，一般用肩垫、装袖、过肩线、抽褶进行强调，下身贴体收缩，展现高挑、挺拔、利落的飒爽风姿，流行中的军装风格、高腰短西服加紧身长裙都属于T型风格。T型职业女装是男性化强烈的服装外型，多运用垂直线的结构风格，充满大方、洒脱的气质，给人一种精明强干、事业心强的职业女性形象，因此在职业女装的设计中被使用得也很多，成为职业女装的流行廓型。

（4）A型。A型指由头至下摆形成A字形线条，又称为伞型、三角形、金字塔型，是最具有流动感的职业女装款式，把视觉吸引到A字的顶点，造型连贯而整体，美观、舒适。A型设计一般要求弱化肩部、拉大下摆、肩部不夸张，在职业女装的连衣裙、风衣、外套等设计中运用得并不多，仅适合从事某些特定工作的活泼可爱的年轻职业女性，如幼儿园老师等。但A型裙在职业女装的设计中运用得非常广泛，可以和衬衫、毛衣、小西装搭配出多种风格，适合于不同职业的女性。

（5）公主线型。公主线型上身贴体，下摆稍微扩张，前片、后片分割四条公主线。有公主线款式的服装女性化特征明显、气质甜美的女孩形象更容易被别人所接受，从而更有利于工作的顺利进行，公主线型职业女装适合打造现在职场流行的甜美淑女形象。

（6）郁金香型。1993年春夏迪奥所发布的时尚造型就是郁金香型，上胸部柔软、蓬松，肩部平直，腰部合体，直筒裙是其造型特点，这在职业女装中早就被使用。但由于该造型非常时尚化，在追求简洁干练的职业女装中运用得并不广泛。

除此以外，还有V型和Y型，它们都具有夸张、强调肩部的特点，在八十年代末至九十年代初的时候在职业女装中非常流行，然后逐渐衰弱，近年来在职业女装的设计中虽偶有出现，但已不是时尚造型的主体。

2.局部设计

善于利用服装的局部设计是把握时尚的第一步。职业女装由于其特殊的穿着要求，在整体造型上不能过于夸张，自由设计的空间相对普通时装要小，但我们可以在端庄的职业女装中加入动感的因素，使丰富多彩的局部设计，通过这种动态美感打破整体造型的严肃与拘谨，注入静态中可动的视点。

（1）领子。领子（图5-9）是服装中最富于变化的一个部件，也是职业女装进行时尚化设计的重点部位，领线的深浅、宽窄变化及领子的形状、大小、高低、翻折等变化都可以形成各具特色的服装款式，甚至引导一种流行时尚。传统职业女装一般多采用宽领、大领、方领，以强调其职业化的特点，即使是立领、企领、翻驳领设计也总是跳不出传统的式样，给人千篇一律的感觉。现代职业女装受流行时尚的影响而有

图5-9 领子

了很大的变化，领子除了变大或变小之外，整体造型也发生了变化，衍生出很多变形设计。如无领就有圆形领、船形领、一字领、V字领、方形领等多种领式，其中圆形领适应的年龄跨度较大，具有庄重的风格，且又不失活泼的感觉，特别为中年职业女性所喜爱。一字领和V字领既简洁舒展又有拘束感，深受现代青年职业女性的青睐，同时受时尚潮流的影响，这些领式中常常加入了留缝、打褶、加襻等处理，以及适当的结饰、扣饰、图案装饰等元素。立领也是现代职业女装采用较多的一种领型，其特点是立体感强，造型简练别致，给人以端庄、典雅的美感，常常运用在具有民族风格的春秋季职业女装设计中。翻领也是职业女装的常用领型之一，随着时尚的演变，翻领的领座不再紧紧贴合于脖颈，而是适当地离脖，从而迎合现代职业女性追求自由洒脱的心理。西装领由于其实用美观、庄重洒脱的特点被广泛运用于各类职业女装中，并经久不衰，如女西服、套装、大衣等。现代西装领的时尚装饰手法有在驳头上锁扣眼（多用于男性化风格职业女装）、缉明线（多用于休闲风格职业女装）、拱针、镶边、嵌线等。

（2）袖子。除衣领外，袖子也是职业女装进行时尚化设计的因素。职业女装中运用最多的是装袖，直线式、卡腰式、半紧身式等多种轮廓造型的服装中均可采用，现代职业女性穿用较多的西服和衬衫也都是用的这种袖型。西服袖属于较正统的袖型，造型线条圆润而优美，外观挺括、简洁、利落，具有较强的立体感，虽然手臂活动受到一定限制，却非常适合从事脑力劳动的白领女性穿着，同时也满足了她们时而参加礼仪活动的需要。受女性化时尚的影响，为了凸显女性的曲线和柔美，职业女装中的西服袖变得更为贴合手臂，并带有微量的泡泡袖。在袖口处常进行别致新颖的细节设计，如七分袖、半袖、镶边、钉扣、荷叶边等。当今休闲成为一种时尚，宽松舒适的衬衫袖、插肩袖大量应用于休闲职业女装的设计中。职业女装忌讳过于暴露，无袖在职业女装的时尚化设计中虽有涉及但并不多，而一种只在袖窿弧线的上半部有一小片袖子遮挡肩头的盖肩袖则非常适合用于职业女装的设计中，一类盖肩袖是裁剪时将肩宽适当加宽带出小袖片的量，造型自然、简洁、大方，有利于表现职业女性纯朴、文静的本色特点；另一类盖肩袖是单裁一小片与肩头部位的袖窿弧线相缝合，可以与刺绣、镂空等工艺结合，有利于表现职业女性甜美、娴静、典雅的气质特点。

（3）裙子。裙子（图5-10）是古今中外女性的传统服饰，现代社会裙子也是女性在上班、社交等场合不可或缺的基本职业女装。随着时尚的变迁，拖沓烦琐的长裙已经很少出现在职业女装中，长至膝盖以上约10厘米处的短裙纤巧、妩媚，具有鲜明的时代感，深受现代青年职业女性的喜爱，因此常出现在适合青年女性穿着的职业套装

图 5-10　裙子

中。中年职业女性穿着的裙子更多的是及膝裙，为青年职业女性设计的及膝裙则可以进行打褶、折叠或加入适量的花边缎带等装饰。从形态上来说，合体窄裙是比较时尚化的设计，可用于打造成熟干练而不失妩媚的白领丽人。A字裙、牛仔裙、公主裙是现代职业女性的时尚选择，可用来打造或甜美或休闲的时尚职业形象。即使是最普通的裤子也不再局限于长裤，合体的中裤、宽松的七分裤和紧身靴裤都可以和上装搭配出时尚而有个性的效果。

（4）口袋、门襟、下摆的设计。口袋、门襟、下摆都可以在保证基本实用的基础上，结合当今时尚流行趋势进行再设计，也就是说，职业女装时尚化设计的关键在于借鉴时尚元素进行恰当的细节设计，如口袋的大小、形状，门襟的线条造型与纽扣设计，下摆的廓型大小与弧线设计等局部细节的设计均可用来打破职场固有的单调，将时尚带入到职业女装中。

3. 面料设计

曾有学者讲过，"从某种意义上讲，服装设计的出路在于面料"。确实，作为服装构成的三大要素之一，面料无疑构成着服装的本质特征，作为服装中一个特殊门类的职业女装也不能例外。职业女装的时尚化设计，不仅体现在色彩与款式的变化，也不仅是普通服装面料的运用，而是应该从服装材料上表现设计思想。

（1）高科技、天然环保面料的运用。职业女装的时尚化设计首先是对高科技、天然环保面料的选用。现代职业女装对材质应用强调舒适、柔软、轻质和功能性，可采用含有黏胶、莱卡、天丝等高科技或天然纤维成分的高档面料。这样的面料比纯毛的面料手感好，也增加了悬垂感、柔软度和光泽度。如目前国际上较为流行的涂层砂洗面料，一般先在真丝面料上涂一层颜色，制成服装后再砂洗，具有柔软、飘逸感强、色泽柔和的特点，很受广大青年职业女性的喜爱；凉爽羊毛采用低温等离子体处理羊毛，使羊毛表面鳞片刻蚀，从而提高和改进羊毛的透湿、透气及手感光泽，达到夏季贴身穿用的目的；"洗可穿"面料即免烫抗皱面料，采用特殊树脂整理剂进行整理而获得的服装形态尺寸稳定，洗后褶皱线条保持永久性的不变，迎合了现代职业女性高效紧张的生活节奏要求。目前，全棉免烫衣料及洗可穿羊毛织物的整理工艺都已较成熟。职业女装对功能性需求进一步增加，开始关注多重功能的复合材料，典型织物有色调明快的针织品、羊绒、大豆纤维织物、真丝针织物、蓬松的花呢等。由大豆纤维制造的面料是由蛋白质组成的绿色环保纤维，耐酸、耐碱性好，而且大豆纤维既有羊绒般的手感，又有棉纤维的吸湿性，满足了现代人对服装高档化、生态化、飘逸动感的要求，被业内专家誉为健康舒适纤维。另外，有许多正在开发中的高科技服装材料将在职业女装领域被广泛采用，如甲壳素纤维、珍珠纤维等一批具有生物保健功能的高档次面料，凭借其护肤、美容、抗菌、透气、吸湿等良好的性能，必将深受广大职业女性的欢迎。

（2）面料的再创造。服装面料的再创造是指在服装设计过程中根据具体的设计需要，对服装面料进行的再设计及再处理。职业女装一般款式简约，剪裁工艺单调，这使得面料的再创造在服装中显得尤为重要。各种面料的混合搭配，材质再造技术的开发创新，表现出丰富的色彩效果和表面肌理形状。同时，科技使各种纤维的混合处理日趋完美和丰富多样，让服装设计师有了广阔的创造选择空间。充分发挥面料的特性与可塑性，通过面料的再创造设计出特殊的形式质感和细节局部，让职业女装呈现出比以往更多彩的一面，传达出服装时尚与本质的美。

面料的再创造可以从以下几个方面来实现：

①缝贴、镶嵌。以花卉、文字等造型的饰物，直接在面料上缝贴或先剪挖后镶嵌等工艺形式缝贴。缝贴材料有皮、毛、灯芯绒、花边等不同材质、肌理、色彩、图案的材料。由于职业装自身的特性，职业女装的款式结构一般都较为简洁，不像时装那

样可以有丰富和绚丽的装饰，如果设计不好就会给人以沉闷单调的感觉。而通过适量、适当的缝贴、镶嵌，则可以在不改变整体造型的基础上使职业女装的外观丰富起来。比如硬挺的牛仔布和柔软的数码印花面料相搭配，在胸前和裙身上或缝贴或镶嵌出各种造型饰物，亦刚亦柔，非常适合工作环境相对宽松的年轻职业女性穿着。

②染色。此处所指的染色是成衣或者衣片的染色，使之呈现独特、丰富的色彩效果，如渐变、局部染色等，一般以手工染色为主，具有较浓的手工韵味，特殊的手工染色有扎染、蜡染、泼染等。各种工艺的染色均可以运用于春夏职业女装的设计中，使其具有丰富的色彩和图案效果，营造出浓郁的民族气息。同时考虑到职业女装的特殊性，所染的色彩一般不宜过于艳丽。

③印花。采用染料或涂料，运用普通印花、手绘、扎染等工艺，在面料或服装上展现各类图案，如花卉、风景、文字、几何图形等，形式或写实或抽象，使职业女装具有丰富的视觉效果。如先进的数码印花工艺，为职业女性带来了更为时尚而精致的穿着体验，也让干练的职业女性多了几分柔媚。同时，在进行职业女装的设计时，既要考虑到时尚化的需要，又要避免过于花哨。因此，职业女装中印花面积不宜过大，一般使用部位在胸前、背后、下摆、口袋、裤脚等处，但当运用于裙装上时，印花面积可适当加大。

④刺绣。用不同粗细、材质、色彩、造型的纱线和珠片，甚至以点状的皮料代替珠片在服装上刺绣，其中纱线刺绣的针法可以用平绣或十字绣，这将给略显单调沉闷的职业女装增添许多典雅、趣味和民族感，尤其在表现东方风韵的元素题材上。例如一套纯白的职业女装，在领口、门襟和下摆边缘处用黑色纱线和珠片绣出一条装饰线，并在胸前绣出牡丹的图案，会给穿着者增添不少雍容、典雅、高贵的气质。

以上是职业女装面料再创造的四种主要方法，此外，还有抽褶、编织、磨砂等，各种方法可以单独使用，也可以两种或多种方法相结合使用。但不管使用哪些方法，都必须符合职业女装的特性，在遵循职业女装基本功能的基础上，结合流行元素进行时尚化设计。当然，单件职业女装的职业性和时尚性有时并不明显，这时就需要通过上下装、内外装甚至饰品的恰当搭配来实现。

4. 色彩设计

色彩设计作为时尚流行文化的一个重要载体，在设计的视觉要素中的地位非常重要，色彩直接形成人们的视觉感受，影响着人们的思想、情绪和精神风貌，色彩又是与人们形成情感交流的重要手段，处理好色彩设计的时尚流行因素才能使设计的职业女装被消费者喜爱和接受。

（1）色彩的变化规律。时尚色彩的发展要求新求变，人们的心理总是追求更时兴、更美好的色彩，职业女性也不例外，其求变心理的产生和内容多取决于科学发展、文化修养、物质生活条件等水平。时尚色彩形成和变换的周期规律：通常一个周期为七年左右，从盛行到衰落的时期，一般是一个周期的一半，即三年半。而时尚色彩由产生到高潮大约是一年半左右，这叫新鲜感时期；到三年半左右是交替期，市场上会出现白、灰、黑等搭配色。当然，这些规律也并非一成不变，有的时尚色彩能延续三四年，有的只流行一二年，有的在衰落二三十年之后又重新成为时尚色彩。日本流行色彩协会提出了时尚色彩循环的大规律：明色调→暗色调→明色调，或暖色调→冷色调→暖色调，这一规律既适用于时装的色彩变化，也同样适用职业女装的色彩变化。

（2）色彩的预测。职业女装色彩的时尚流行因素，一方面表现在创新上，并以创新为特点，同时，这种创新还必须是从整个职业女性群体的心理欲求出发，进一步挖掘了其潜在的心理需求设计出来的；另一方面，职业女装色彩的时尚流行因素又是时代性的具体表现，它必然体现当时的政治、经济、科技、文化等现象的特征和影响，并与之相呼应。同时，职业女装色彩的时尚流行因素还可以是被设计创造出来的，可以通过对不同色彩的诸多设计要素进行刻意安排，通过有目的、有意识的创造和安排达到特定的视觉效果，从而引起特定色彩系列在职业女装中的时尚流行。

时尚色彩一般不是以一个两个颜色出现，而是由几组、24~26组色彩组成。通常分为明亮色组、暗色组、中性色组和鲜艳色组，其中又有重点色、基本色和点缀色之分。重点色即新出现的不同凡响的色彩，由于职业女装的特殊性，在对职业女装进行色彩的时尚化设计时必须慎重运用。点缀色是重点色的补色，非常有可能成为下一季的重点色。基本色和季节有关，每季都有特定的基本色，比如春天大多为加白的淡雅色、明亮色；夏季是靓丽的纯艳色；秋冬则为暗淡的沉重色等，以下几种色彩是职业女装的基础色。

①白色。无彩色之一，是干净、生动，具有前倾扩张感的颜色。与其他任何颜色相配都具有良好的效果，流行色中多以本白出现。

②灰色。灰色个性稳定、朴实、内向，与任何颜色相配都能产生一种温和感，并且不妨碍其他色彩的特性。灰色是个理智的颜色，也是时髦的色彩，尤其能充分强调和表现青年职业女性的干练和自然美。

③黑色。黑色是具有收缩感的色彩，可以显示出高贵、深层、稳健的气质。黑色是职业女装的永恒色，与任何颜色相配都可以取得良好效果。

④海军蓝。较为沉静、深远，使人感到舒适的色彩，由于常常让人联想到遥不可知的海底和天空，因此具有科幻智慧的感觉，是职业女装使用较多的一个颜色。

⑤米色。平静、纯朴而又时髦的颜色，不仅适宜于表现年轻职业女性的浪漫、轻松，也十分适宜表现中老年职业女性典雅成熟的气质形象。

⑥褐色。泥土色，给人温暖充实、自然的感觉，对于处于都市紧张工作中的职业女性来说，是城乡融情追求田园怡然生活的服饰用色。

⑦葡萄酒红色。兼具紫红的特征，幽静、雅致、高贵而神秘，与低明度色相配比例适当、款式简洁可以产生稳重成熟之感。

（3）配色原理。职业女装配色的最终目标，就是要在符合职业女性工作环境和内容要求的基础上尽可能发挥色彩的美感。不管是刺激的原始色彩，灿烂华丽的高贵色调，还是冷漠严峻的个性色感，这些色彩感觉的运用虽然巧妙繁复，不尽相同，但我们还是能从职业女装的时尚流行中总结归纳出几种配色美的原则。

①统调配色。指当所选择的色彩搭配在一起，每一个色彩都含有共同的色素，在视觉上似乎被每一种气氛所支配、笼罩着，这种配色也称之为色调，给人一种统一协调的整体感。统调配色的职业女装给人以庄重、严谨之感，特别适合于年长而有权威的职业女性穿着。

②分离配色。当配色由于对比强烈产生矛盾，或由于对比太弱产生呆板、缺乏精神时，可利用特殊色彩，如黑、白、灰、金、银等作为配色的缓冲或加强作用。分离配色的职业女装在给人活跃、有冲劲之感的同时，又不乏稳重、干练。

③支配性配色。在众多配色中，取一种色彩作为主要的配色，产生统一协调的视觉效果，这种方法称支配性配色，如黄褐色的上装与同色底彩花图案的裙子相搭配，既有职业女性的成熟干练，又不失女人的妩媚。

④均衡配色。将两种或两种以上的质与量不等的色彩配置在一起，必须根据色彩的特质加以调整，使之产生分量相等的感觉，这就是均衡。一般高彩度、纯色或暖色在面积比例上要少于低彩度、浅色或冷色。如红色的内衣外穿棕色的西服外套，再配以黑色的短裙，具有轻感的高明度的红色在上，具有重量感的低明度的黑色在下，整个职业女装给人以均衡、稳重、干练的感觉。

⑤律动配色。配色时，若将色彩的色调由浅入深，或由深而浅，面积由大到小，或由小到大，形成渐层的视觉效果，都可称为律动配色。这种配色就像音乐的音节一样，具有节奏感，令人产生连贯舒适的美感。色彩由浅入深或由深入浅排列的职业女装给人一种活泼轻快、积极乐观的印象。

⑥强调配色。配色时为了调节服装的视觉效果，弥补整体的单调感，采取小面积使用醒目的色彩，形成视觉的重点，这种配色称为强调配色。如白色的职业套装搭配黑色项链和提包，或在上下装均为绿色的职业女装中设计红色口袋，可表现出现代职业女性稳重、干练又自由、洒脱的形象。

5.配饰设计

在职业女装设计过程中，除了对服装本身的款式、色彩、面料三大要素进行时尚化设计外，还要兼顾服饰的搭配组合问题。服饰品种类主要有帽子、手套、围巾、包、发饰、项链、耳饰、首饰、纽扣、领带、鞋、腰带等。除了它们本身具备的重要功能外，由于配饰对服装整体设计的依附性和从属性，还应与服装风格相协调，在配套中起到烘托、陪衬、画龙点睛等作用。

在职业女装的时尚化设计中，运用丝巾、项链、腰带、鞋、包等配件做时尚经典装饰，不仅能对服装起到画龙点睛的作用，还可以使现代职业女性的形象更加时尚完美，个性风格更加突出。

三、案例分析

随着潮流变化，现代职业女装设计在造型、色彩和面料上都有大胆的突破，色彩和材料融入更多流行元素，细腻而富有变化，最大的变化是风格和款式，款式比以往松散、多变，多层次、多对比，款式细节设计别致、醒目。如图5-11所示街头风格职业装，宽松的竖条面料西装款式，搭配收褶时尚的短裤，时尚个性也不乏职业的特征。如图5-12所示时尚风格的职业装，各种材质的面料混搭，裤子侧面精致的细节设计，插肩袖毛领短上衣，富有层次的灰色调的色彩选择，整体上层次感十足又不显凌乱。

图5-11 街头风格　　图5-12 时尚风格

第六章 知识拓展

学习内容

    1. 职业装常用面料及其特点。

    2. 职业装经典案例欣赏。

学习目标

    1. 通过本模块服装面料部分的学习，使学生熟悉职业装设计常用面料及其特点。

    2. 通过本模块的经典案例部分的欣赏，开阔学生视野，提升学生审美高度。

学习难点

    职业装常用面料及其特点。

建议课时

    6课时。

第一节 职业装常用面料及其特点

一、麦尔登呢

麦尔登呢是一种品质较高的粗纺毛织物（图6-1），因首先在英国麦尔登（Melton Mowbray）地方生产而得名。麦尔登呢表面细洁平整、身骨挺实、富有弹性，有细密的绒毛覆盖织物底纹，耐磨性好，不起球，保暖性好，并有抗水防风的特点，是粗纺呢绒中的高档产品之一。

麦尔登呢一般采用细支散毛混入部分短毛为原料纺成62.5~83.3tex毛纱，多用二上二下或二上一下斜纹组织，呢坯经过重缩绒整理或两次缩绒而成。

使用原料有全毛（有时为增加织品强力和耐磨性混入不超过10%的锦纶短纤，仍称为全毛织品）、毛黏或毛锦黏混纺。纯毛产品原料配比常采用品质支数60~64支羊毛或一级改良毛80%以上、精梳短毛20%以下。混纺产品则用品质支数60~64支或一级毛50%~70%、精梳短毛20%以下。黏胶纤维及合成纤维20%~30%混纺。按成品的单位质量分为薄地麦尔登呢（205~342g/㎡）与厚地麦尔登呢（343~518g/㎡）两种。目前国内大量生产的麦尔登呢其单位质量多为450~490g/㎡。

按织纹组织的不同，分为平纹麦尔登呢、斜纹麦尔登呢、变化组织麦尔登呢等三

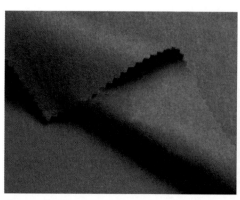

图6-1　麦尔登呢

种。目前大量生产的多为斜纹组织麦尔登呢。

麦尔登呢以匹染素色为主，色泽有上青、红、黑、绿等，在服装设计中适宜做冬令套装、上装、裤子、长短大衣及鞋帽等的面料。

二、提花面料

通常面料的织物组织主要分平纹、斜纹和提花（图6-2）❶，其中提花面料织造时运用经纬组织变化（混合织法）形成图案，既不同于印花也不同于绣花。提花面料分单色提花与多色提花面料。单色提花染色面料——先经提花织机织好提花坯布后再进行染色整理，面料成品为纯色；多色提花为色织提花面料——先将纱线染好色后再经提花织机织造而成，最后进行整理，所以多色提花面料有两种以上的颜色，织物色彩丰富，不显单调，花型立体感较强，档次更高。

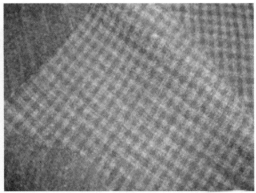

图6-2　提花面料

提花面料织造工艺复杂，经纱和纬纱相互交织形成的图案凹凸有致，多织出花、鸟、鱼、虫、飞禽走兽等美丽图案，也可以织造出格子、条纹等几何形图案。大提花面料的图案幅度大且精美，色彩层次分明立体感强，而小提花面料的图案相对简单，较单一。

提花面料有着质地柔软、细腻、爽滑的独特质感，光泽度好，悬垂性及透气性好，色牢度高（纱线染色）。此外，它纱支精细，针线密度高，使用起来不变形，不褪色，舒适感好。而最受消费者喜欢的要数贡缎提花（贡缎是斜纹织法的一种，贡缎提花是混

---

❶ "平纹、斜纹、提花"都是织物组织形式，其纱线可以是棉也可以是涤棉等。

合织法，经纱和纬纱至少隔三根纱才交织一次），其布面平滑细腻，富有光泽，在市场上一般可用于中、高档服装制作用料或是装饰行业用料（如窗帘、沙发布用料）。

三、色丁布

色丁就是Satin的音译（图6-3）。色丁是一种面料，也叫沙丁，通常有一面很光滑，亮度很好。其丝线结构为井字形交织，外观和五枚缎、八枚缎相似，密度好于五枚缎、八枚缎。色丁面料的规格通常有75D×100D，75D×150D等（150D面料的纱线粗于100D的纱线，厚度略厚），其原料可以是棉、涤纶混纺，也可以是纯化纤。色丁面料具有轻薄、柔顺、弹性、舒适、光泽等优势。

色丁面料产品流行性广，光泽度、悬垂感好，手感柔软，有仿真丝效果。该面料用途十分广阔，在服装中可以制作各类衬衫、裙子、女装睡衣或内衣面料，还可作为休闲裤装、运动装、套装等的配料，面料制成成衣穿着舒适颇受欢迎。

图6-3　色丁布

四、定位花图案面料

一般说某面料是定位花面料说的是面料的图案（图6-4），定位花图案是相对于净色面料、满铺图案面料来讲的。意思是一匹布的图案不是平均分布，而是按一定的规则定位分布。分布的规则有横向定位或纵向定位两种。而满铺的图案则是指面料的每一块地方都是一样的。净色面料就不用解释了，只有颜色没有花纹的都是净色，如白布、红布、黑布都是净色面料。设计师可以根据自己的设计意图选择不同花型的面料，也可以根据需要定制花型面料。

图6-4　定位花图案面料

五、麻料

麻料是以大麻、亚麻、苎麻、黄麻、剑麻、蕉麻等各种麻类植物纤维为原料纺织制作的布料（图6-5）。优点是强度极高，结实耐磨，不容易撕断。被誉为凉爽高贵的纤维，吸湿性好，不易产生静电，热传导大，迅速散热，穿着凉爽，出汗后不贴身；较耐水洗，耐热性好。缺点是外观比较粗糙，易起皱。

如果在麻料中加入棉料进行混纺，则称作麻棉或棉麻（成分多的放在前面）。麻棉布料克服了麻料粗糙的外

图6-5　麻料

观，吸收了棉布柔软、细腻的优点，又有麻料结实、凉爽、垂感好的特点，是非常受欢迎的一种布料，大量用于休闲服装、夏装中。在职业装设计中可以制作衬衫、裙子或者西装。另外要注意麻料洗涤时要轻柔，不要用力拧搓。

六、涤卡

运用涤纶纱线或者涤纶纱线与棉纱混纺织造成的斜纹织物称为涤纶卡其布，简称涤卡（图6-6）。其品种按所用经纬纱不同分为线卡（经纬纱均股线）、半线卡（经

向股线，纬向单纱）、纱卡（经纬均为单纱）。根据织物组织不同，分为单面卡、双面卡和缎纹卡。单面卡采用3/1右斜组织织造，采用3/1左斜组织织造；双面卡采用2/2右斜组织织造，正反面斜纹纹路均很清晰；缎纹卡采用急斜纹组织，经纱的浮线较长，像缎纹一样连贯。

涤卡织物具有许多优点，它有紧密、手感厚实、挺括耐穿、结实耐用、弹性好、不易变形、耐腐蚀、绝缘、挺括、易洗快干等特点，此外它也因工艺简单、价格便宜为人们所喜爱。在服装设计中它一般适用于制作工作服、职业装中的外套、夹克、长裤、半身裙等面料。

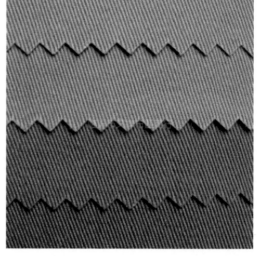

图6-6 涤卡

七、防静电面料

防静电面料分混纺型及嵌条型两种，混纺型是由不锈钢纤维与棉、涤棉等纤维混纺而成，其导电性能高于日本"静电安全指南"要求，洗涤100次后电荷密度远远小于$7\mu C/m^2$，耐久性强，被誉为"永久性"防静电面料（图6-7）。

图6-7 防静电面料

防静电面料形成防静电的技术有两种，一种是涂布抗静电剂类型的，这种涂布的抗静电通常依靠织物表面涂抹的抗静电剂达到抗静电效果，时间长后抗静电效果通常会因各种原因衰减。另外一种就是将导电组分添加到纤维丝里，形成具有抗静电效力的纤维纱，或者在纺纱或者织布的时候加入具有永久抗静电效力的抗静电丝，从而达到永久抗静电，但是这种加入其他抗静电丝的方法，会由于抗静电丝的破损断裂导致产品抗静电出现问题，所以采用具有永久抗静电效力的纤维纱织造出的面料应该是真正的永久抗静电面料。抗静电面料在职业装设计中主要用在职业工装中。

八、麻纱面料

麻纱是布面纵向有细条织纹的轻薄棉织物（图6-8），大多用纯棉纱或者用棉麻混纺纱织造，20世纪60年代以来由于化学纤维的发展，出现了涤/棉、涤/麻、维/棉等混纺麻纱。

图6-8 麻纱面料

麻纱按组织结构可分普通麻纱和花式麻纱。普通麻纱一般采用变化平纹组织，布面经向有明显的直条纹路。花式麻纱是利用织物组织的变化或经纱用不同特数和经纱排列的变化来织成的，有变化麻纱、柳条麻纱、异经麻纱等。变化麻纱包括各种变化组织，特点是纹路粗壮突出，布身挺括；柳条麻纱经纱排列每隔一定距离有一空隙，特点是布面呈现细小空隙，质地细洁轻薄、透凉滑爽；异经麻纱以单根经纱和异号双根经纱循环间隔排列，特点是布面条纹更为清晰突出。

麻纱有漂白、染色、印花、提花、色织等多种，其因挺爽如麻而得名，是夏令衣着的主要面料品种之一，有风凉透气的特点，除此之外还适宜做男女衬衫、儿童衣裤、裙料以及手帕和装饰用布等。

九、贡丝锦面料

贡丝锦面料的表面采用了平纹结构，而反面则为细腻的直贡斜纹，结构紧密无毛羽，其独特结构避免和减少了服装穿着后，由于摩擦而产生"极光"的弊病（图6-9）。目前毛织物"贡丝锦"的常规性能配比技术指标，普遍采用的是：羊毛70%~80%，其他化纤（如涤纶）含量在20%~30%，纱支为80~100支，克重为280~310克的范围进行配比。

图6-9 贡丝锦面料

贡丝锦颜色主要以素色为主，有藏蓝、藏青、深灰、中灰、驼色等，但随着穿着时尚化的趋势，贡丝锦也逐渐加入了一些隐约可见的条纹，这种变化可以更加丰富穿着者的着装需求，从而使穿着者的体验更加丰富。

贡丝锦简约清爽，散发着自然柔和光泽，因其制作成衣后，质感细腻，挺括性好，耐磨抗皱，服用性能极佳，在职业装设计中主要用于制作裤子或者工装。

十、帆布

帆布（Canvas）是用麻或棉纱织成的不同重量的厚密结实的平纹布，因最初用于船帆而得名（图6-10）。帆布主要分粗帆布和细帆布两大类，此外，还有橡胶帆布，防火、防辐射用的屏蔽帆布，造纸机用的帆布。

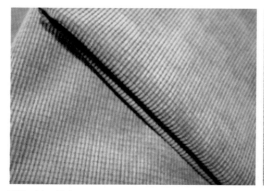

图6-10　帆布

帆布织物坚牢耐折，具有良好的防水性能。粗帆布又称篷盖布，通常用于汽车运输和露天仓库的遮盖以及野外搭帐篷，细帆布经染色后可以用于制作劳动保护服装及其用品，也可用作日常休闲装、鞋、旅行袋、背包等面料。

十一、新丰呢

新丰呢就是我们通常所说的涤黏混纺织物，简称T/R面料（图6-11）。其涤/黏混纺比多采用65/35或67/33，是一种互补性强的混纺，既能保持涤纶的坚牢、抗皱、尺寸稳定、可洗可穿性强的特点，

图6-11　新丰呢

又因黏胶纤维的混入，改善了织物的透气性，降低了织物的起毛、起球性和抗静电现象。此外，织物整体上平整光洁、色彩鲜艳、毛型感强，手感弹性好、吸湿性好。它与毛料外观相似，但比毛料易洗涤、好存放、色牢度好，价格便宜，适合制作男女春夏商务西服、休闲西服、西裤、春秋季风衣、外套等。

十二、棉织物

棉织物又称棉布（图6-12），是以棉纱为原料织造的织物。它吸湿性强，透气好，染色性能好，手感柔软，穿着舒适，外观朴素，织品与肌肤接触无任何刺激，卫生性能良好，又因价格低，适用面广，被设计师广为采用。它是较好的内衣、婴儿装及夏季面料，也是大众化春秋外衣面料，在职业装设计中棉布和麻料的使用基本相同，主要制作衬衫、裤子、裙子、西装等。

图6-12 棉织物

棉织物的主要缺点为缩水率大、弹性差、易皱、易霉变、有轻微褪色现象、不耐酸。所以在服装及棉布存放、使用和保管中，应防湿、防霉，不可长时间曝晒，晾晒时需将里层翻出，不可长时间浸泡，不可拧干。熨烫时以低温、中温熨烫，中温熨烫时需盖上干布，以免出现极光。

十三、丝光棉面料

丝光棉面料属棉布中的极品（图6-13），它以棉为原料，经精纺制成高织纱，再经烧毛、丝光、高浓度烧碱处理等特殊的加工工序，制成光洁亮丽、柔软抗皱的高品质丝光纱线。以这种纱线制成的高品质面料，不仅完全保留了原棉优良的天然特性，而且具有丝一般的光泽，织物手感柔软，吸湿透气性好，弹性与垂感颇佳，抗皱性、色牢度和舒适性都优于纯棉。制成的服装穿着清爽、光滑而舒适，多用于夏季服装，适合制作男女T恤、汗衫、衬衫、家居服等品类，同时也可用于床品、毛巾等家居生活用品。

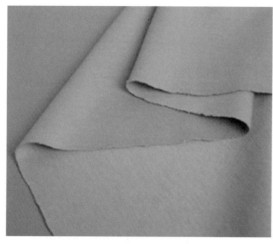

图6-13 丝光棉面料

十四、涤棉和棉涤面料

涤棉面料指的是涤纶和棉纱线混纺织成的纺织品，涤棉布俗称的确良（图6-14）。涤纶的成分占60%以上，棉的成分在40%以下，通常称为"涤棉"；"棉涤"面料正好相反，是指棉的成分在60%以上，涤纶的成分在40%以下。涤纶含量越高面料的舒适性越差，但是牢固度和保型性越好。这两种面料与纯棉相比，具有尺寸稳定，缩水率小，具有挺拔、不易皱折、易洗、快干的特点，在干、湿情况下弹性和耐磨性都比纯棉好，但是吸湿、透气和舒适性都比纯棉差。此两种面料都适合制作男女衬衫、夏季连衣裙、半身裙、夏季家居服等。

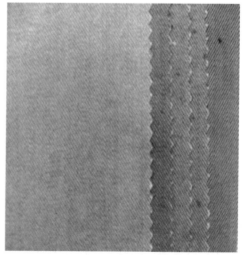

图6-14 涤棉面料

十五、羊毛面料

我们日常所称的纯毛面料，多指羊毛或羊绒面料（图6-15）。一般是以羊毛或羊绒为原料纺织而成的面料。它手感柔软富有弹性，光泽柔和自然，穿着舒适美观，感觉高档，吸湿性好，不易导热，保暖性和保型性都较好，通常适用以制作男女冬季西服、外套、大衣、礼服等正规场合穿着的高档服装。

图6-15 羊毛面料

但现在仿毛织品越来越多，随着纺织工艺的提高，已达到了大多数顾客难以鉴别的水平，但色泽、保暖性、手感等还远远不及纯毛面料。下面介绍几种日常容易使用的鉴别纯毛面料的方法，供大家在挑选服装和面料时参考。

第一，摸手感。纯毛面料通常手感柔滑。长毛的面料顺毛摸手感柔滑，逆毛有刺痛感，而混纺或纯化纤品，有的欠柔软，有的过于柔软松散，并有发黏感。第二，看色泽。纯毛面料的色泽自然柔和，鲜艳而无陈旧感。相比之下，混纺或纯化纤面料，或光泽较暗或有闪色感。第三，看弹性。用手将织物捏紧，然后马上放开，看织物弹性。纯毛面料回弹率高，能迅速恢复原状，而混纺或化纤产品，则抗皱性较差，大多留有较明显的褶皱痕迹或是复原缓慢。第四，燃烧法鉴别。取一束纱线，用火烧，纯毛纤维气味像烧头发的味道，化纤面料的气味像烧塑料的味道，燃烧后的颗粒越硬说明化纤成分越多。

此外，羊毛面料分机织羊毛面料和针织羊毛面料（前面所讲的面料也这样分），教学中有些学生会混淆这两种织造方法，这里重点介绍一下这两种织法的区别。

机织面料也称机织物，它是由经纱和纬纱相互垂直交织在一起形成的织物，其基本组织有平纹、斜纹、缎纹三种，不同的机织面料也是由这三种基本组织或由其变化的组织而构成；针织面料可以机织也可以手工，指用织针将纱线或长丝构成线圈，再把线圈相互串套而成，由于线圈之间具有弹性结构特征，因此针织面料大多具有很好的弹性。

十六、毛涤面料

毛涤面料是指用羊毛和涤纶混纺制成的织物（图6-16），是当前混纺毛料织物中最普遍的一种，其混纺的常用比例是45：55，也有面料中羊毛含量大于90%的毛涤混纺，既可保持羊毛的优点，又能发挥涤纶的长处。该面料的优点是质地轻薄，折皱回复性能好，坚固耐磨，易洗快干，尺寸稳定，褶裥持久。有些面料生产公司还会在毛涤面料里面加入少量的导电丝，以避免静电反应。

图6-16　毛涤面料

毛涤面料与全毛面料相比，虽手感不及全毛的柔滑，但根据含毛量不同，却具有稍低价位，毛涤面料制成成衣同样比较轻柔挺括，性价比较高。通常适用以制作男女春秋西服、夹克、长裤等中高档服装。

十七、高密NC

高密NC布为锦纶（尼龙）与棉纱混纺或交织的一种织物（图6-17）。混纺的好处是综合了锦纶和棉的优点。锦纶的耐磨性居天然纤维和化学纤维之首，并且其穿戴舒适感和染色功能要比涤纶好，故锦纶与棉纱混纺或交错不会降低棉纱的吸湿性和穿戴舒适性，而增加了面料的耐磨性；锦纶较轻，而棉纱较重，两者交错或混纺后，可减轻织物分量；锦纶的弹性极好，与棉纱混纺或交

图6-17　高密NC

错后，提高了织物的弹性。此外高密NC布由于高密交织工艺，外面的雨水不易渗透到织物里，具有一定的防湿功能。锦棉混纺的缺点是织物的耐热性和耐光性较差，在使

用过程中要注意洗刷、熨烫选择适宜温度，防暴晒，以免损坏衣物。高密NC主要适合制作男女衬衫、T恤、连衣裙、家居服等服装。此外还可以用于高档家居床品。

十八、天丝（TENCEL）面料

天丝面料是一种全新的黏胶纤维（图6-18），采用氧化铵为基础的溶剂纺丝技术制取。它有棉的"舒适性"、涤纶的"强度"、毛织物的"豪华感"和真丝的"独特触感"以及"柔软垂坠感"，是一种纯天然的材料。采用天丝制作的服装，质感柔顺舒适，完全迎合现代人生活方式以保护自然环境为本的消费需求。一般适合制作春夏季衬衫、短袖T恤、连衣裙、家居服等品类服装。在职业装设计中主要用来制作衬衫、领结等。

图6-18　天丝面料

天丝面料的缺点是没有弹性，纤维外层容易发生断裂，在湿热的环境下面料会稍微变硬。用天丝面料制作的服装干洗水洗均可，水温忌超过30度，于洗时要轻揉，忌用力搓洗，勿使用漂白剂，不可拧干，需要低温熨烫。

十九、TNC面料

TNC面料是一种超级纤维（涤纶、锦纶）与低特（高支）棉纱复合而成的最新流行面料（图6-19），它集涤纶、锦纶、棉纱三种纤维的优点于一身，耐磨性好、弹性回复率好、强度好、手感细腻滑爽、舒适透气、风格新颖别致，是理想的服装

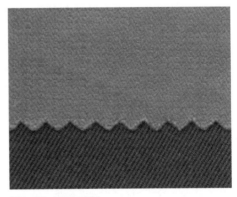

图6-19　TNC面料

面料。常用于制作春秋季风衣、春秋季连衣裙、半身裙、外套、夹克等品类服装。在职业装设计中，TNC面料主要用来制作夹克、外套、裤子等。

二十、复合面料

复合面料是应用"新合纤"的高新技术和新材料，将超细纤维在特定的纺织加工和独特的染色整理后再经"复合"设备加工而成（图6-20）。复合面料富有弹性、透气性好、防水透湿、抗辐射、抗磨损等功能，同时织物细洁、精致、文雅，有很高的清洁去污能力。

复合面料的缺点是面料的纱线会变得越来越硬，折皱后弹性回复差，而且在缝制成衣时，面料非常容易被针刺破，形成瑕疵。洗涤时水温不超过40度，不可氯漂、不可干洗、需低温熨烫。

在服装设计运用中，复合面料常用来制作春秋季风衣、防风衣、户外登山服、雨衣、夹克、羽绒服等品类服装。在职业装设计中常用于制作外套、夹克。

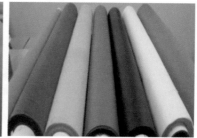

图6-20　复合面料

二十一、真丝织物

真丝织物一般指蚕丝，包括桑蚕丝、柞蚕丝、蓖麻蚕丝、木薯蚕丝等（图6-21）。它是一种相当昂贵的面料，根据织物组织、经纬线组合、加工工艺等品种划分为十五大类，面料富有光泽，它的质地柔软光滑，手感柔和滑爽、轻盈，花色丰富多彩，穿着凉爽舒适、高雅华贵。真丝面料一般指蚕丝，光泽柔和，手感柔软。

真丝织物的缺点是抗皱能力差，耐光性差，不可长时间暴晒，对碱反应敏感，熨烫时采取面料反

图6-21　真丝织物

面低温、中温熨烫。

在服装设计中真丝一般适合制作春夏睡衣、夏季衬衫、连衣裙、家居服、礼服、晚礼服、丝巾、围巾等品类服装服饰。

第二节　职业装经典案例欣赏

职业装经典案例欣赏如图6-22~图6-31所示。

图6-22　酒店迎宾装案例（一）

图6-23　酒店迎宾装案例（二）

图6-24 酒店服务员装（一）

图6-25 酒店服务员装（二）

前厅接待/客户关系主任

图6-26 酒店总台接待装

行政总厨装　　　中餐厨师装　　　西餐厨师装

图6-27　酒店厨师装

西餐服务员　　　　西餐服务员　　　　　　　酒吧服务员

图6-28　酒店职业装系列设计（一）

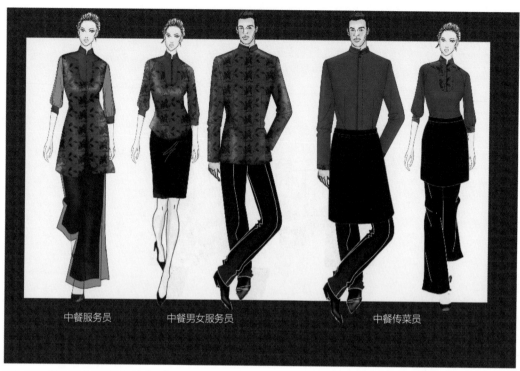

中餐服务员　　　　中餐男女服务员　　　　　　　中餐传菜员

图6-29　酒店职业装系列设计（二）

职业制服型设计稿

效果图

结构图

上面结构图　　　背面结构图　　　侧面结构图

细节说明

标准衬衫领
专机定型

胸带Logo，胸带
盖有插笔口

后育克上印字
样贴反光条

左右袖分色
袖口本色

下摆两侧调剂祥

标准工装裤
裤腰两侧松紧

款式说明

1.面料：CVC网络防静电

2.成分：60%棉，39涤，1%导
电纤维

3.纱支：32×32

4.密度：130×70

5.颜色：铁灰色（主色）实际标
准按样品

面料质地高档，手感好，牢度
强，且无起球褪色现象，经过专
机定性工艺处理，久穿不变形。

6.款式说明：

设计款式流行时尚，与国际风格
相接轨，前后育克贴反光条加强
工装的安全性，下摆加调节襻标
准三紧式工装设计。

面料小样

图6-30　工程人员制服案例（一）

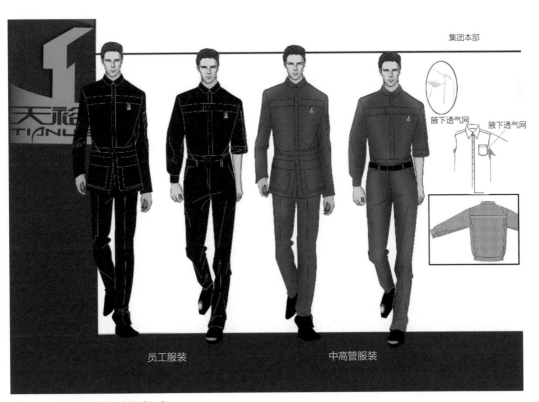

集团本部

腋下透气网　　腋下透气网

员工服装　　　　　中高管服装

图6-31　工程人员制服案例（二）

参考文献

［1］梁惠娥.酒店制服设计与制作［M］.北京：中国纺织出版社，2004.

［2］崔荣荣，张兵.职业装款式与制作［M］.北京：中国纺织出版社，2004.

［3］毛亚妮，陈立川.酒店制服设计经典［M］.河北：花山文艺出版社，2006.

［4］邹游.职业装设计［M］.北京：中国纺织出版社，2007.

［5］胡光华.酒店制服［M］.北京：化学工业出版社，2008.

［6］边菲.制服设计［M］.上海：东华大学出版社，2010.

［7］刘瑞璞.常卫民，王永刚.国际化职业装设计与实务［M］.北京：中国纺织出版社，2010.

［8］常树雄，王晓莹.职业服装设计教程［M］.沈阳：辽宁美术出版社，2014.

［9］傅成.职业装设计（高等院校服装专业教程）［M］.重庆：西南师大出版社，2014.

［10］袁大鹏.时尚商务男装与传统装饰的融合［J］.武汉纺织工学院学报，1995.

［11］章丽，吴红.我国职业装的现状及发展［J］.江苏丝绸，2004.

［12］夏池莲.酒店员工制服设计之我见［J］.今日科苑，2009.

［13］谢保卫.职业装形象的代言［J］.淮北职业技术学院学报，2009.

［14］李巧莲.2012年流行面料综述［J］.上海丝绸，2011.

［15］杨晶莹.视觉艺术在职业装设计中应用的探讨［J］.河南科技，2013.

［16］王振声.一种毛盖棉针织毛衫及其加工工艺［J］.天津纺织科技，2013.

［17］薛苏楠.职业装设计中功能性面料的选用［J］.现代丝绸科学与技术，2014.

［18］秦晓丽.简析职业装的设计要素［J］.读天下，2017.

［19］杨威.职业套装历史与发展研究［D］.天津工业大学硕士论文.天津工业大学，2001.

［20］练小丽.电力系统工装设计开发——论华北地区电力工装色彩与款式设计［D］.天津工业大学硕士论文.天津工业大学，2001.

［21］冯洁.酒店制服的功能、设计与实现研究［D］.南京艺术学院硕士论文.南京艺术学院，2003.

［22］胡亮.职业工装的设计与开发［D］.天津工业大学硕士论文.天津工业大学，2006.

［23］乔洪.四川中小型职业装生产企业现状分析研究［D］.苏州大学硕士论文.苏州大学，2008.

［24］段楠.服装品牌产品语义的风格研究［D］.河北科技大学博士论文.河北科技大学，2009.

［25］葛凌桦.国内中高档商务休闲男装品牌评价体系研究［D］.浙江理工大学博士论文.浙江理工大学，2011.

［26］王雯.现代企业工装设计的文化内涵与功能性研究［D］.西安工程大学博士论文.西安工程大学，2012.

［27］程亚南.地质考古行业职业工装设计系统应用研究［D］.大连工业大学博士论文.大连工业大学，2015.

［28］吴爱萍.现代商务休闲男装设计方法探索［D］.天津科技大学博士论文.天津科技大学，2017.

［29］深圳市思裳新锐服装设计有限公司.会员图库.http://www.sscyzf.com.

［30］何文菲.洲际酒店制服企划方案.何文菲.2013.

［31］https://wenku.baidu.com/view/edf0ed5701f69e3142329418.